JN176502

Modified Detrended Fluctuation Analysis (mDFA)

Toru Yazawa

Neurobiology,
Tokyo Metropolitan University

Modified Detrended Fluctuation Analysis (mDFA)
by
Toru Yazawa

ゆらぎ解析のための改変 DFA 法

Modified Detrended Fluctuation Analysisi (mDFA)

首都大学東京大学院理工学研究科生命科学専攻

矢澤　徹

To my wife, Keiko, and late wife, Etsuko

序

DFA は Detrended Fluctuation Analysis の頭文字で、トレンドを除いたゆらぎ解析というような意味である。これは 1990 年代に Peng らによって考案されたデータ解析の方法で、生物などから得た信号が有するスケーリング特性に着目して信号に隠された意味を定量的に表現する手法である。Peng らは心臓や遺伝子配列に興味を持っていたようで、1990 年代に心拍間隔の時系列の DFA を発表した。それ以来、DFA という方法は基礎科学・周期現象分析の分野で評判になった。だが、その臨床応用はまだ日の目を見ていない。1990 年代、筆者は電気生理学でカニやロブスターの心臓血管システムを研究していた。残念ながら筆者には DFA を使える十分な物理学、数学、そしてコンピューターの知識が無かった。それから 20 年後、筆者は物理学者と出会い DFA について学んだ。現在はパソコン（PC）の普及とその性能の進歩のおかげで、自分の力で心拍を解析することができる。自分の研究材料で DFA を試し、自分の DFA が、健康な心臓と病気の心臓とを峻別できることを無脊椎動物において実験し証明した。世界ではじめて無脊椎動物の心臓でも DFA が使えることを見い出し、無脊椎動物で得られた知見は人にも応用できるという考えに至った。

DFA とはなにか？ この本はその疑問に答え DFA を説明する物理や数学の解説書ではなく、DFA を使った生理学、生物医工学を解説した本である。DFA という新方法を利用して、モデル動物と人の心臓で観察し解析した研究の成果が述べられている。DFA 理論の解説を期待してこの本を手に取った人はがっかりするであろう。しかし筆者の希望は、目的に合った DFA ツールを読者が独自につくり、心臓などの健康の良し悪しを評価するツールとして使うことである。

この本に出てくるデータ、すなわちEKG（心電図）はすべて筆者が記録した。1990年代初期以来FMテープを使用したアナログ記録がデータ取得に役立った。その後パソコンによるデジタル記録に代わった。重要なことは、EKGを取っただけではなく、動物実験標本やヒト被験者のEKGデータの背後にある生活面、健康面で気づいたことがらが全てのEKGデータとともに必ずメモされて付随しているということである。他人が記録したデータはその背景が不明なため一切使用していない。

この本は以下のことがらについてはほとんど議論しない。（1）数理モデル（2）数値予測（3）複雑系セオリー（4）そしていろんな統計物理学的なことがら、すなわち、確率分布関数、フーリエ解析、自己相似、リャプノフ指数、フラクタル次元、あるいは決定論。この本が紹介するのは、心臓の生理学と心拍の調節についてである。DFAは単なる分析のツールであるが、とても有用である。

PengらのDFAの着想は物理学由来である。病理学、医学、生物学、などの分野では、DFA・フラクタル・物理学的発想がまだPengらに匹敵するレベルにはなっていないようだ。読者は、各人各様にその目的に合わせて丁度よい具合のDFAを独自に作成してほしいと期待する。DFAはパワースペクトル分析とは違い良く知れわたった考え方ではない。一般から理解される前にまだ議論の余地もあるだろう。しかし筆者が強調させてもらいたいことはDFAは役にたつ実用的な方法だということである。対立する視点があっても、それは論争を前進させるはずであり、この著作がmDFAの実用化にむけて多くの研究者の間で議論を巻き起こすきっかけになれば望外の喜びである。

ASMEプレスのニゲル博士のサポート、谷口教授の原稿チェックに謝意をあらわす。勝山智男教授、田中克典氏、二人から頂戴した物理学の教え、また、医学生理学の霜田幸雄准教授から頂戴した生理学、ヒト心臓学、および電気回路の知識の支援に感謝の意を表したい。長期に渡る彼らからの共同研究等の支えがなかったらDFA研究を続けることはできなかったであろう。

もう一度繰り返すが、この本はDFAの原理を説明する本ではないし、数百編におよぶDFA論文を概観するものでもない。すべての方に瞬時に納得していただけないかもしれないが、この本の実験証拠が示しているのは、もし適切に使いさえすれば mDFA は強い効果を発揮するということである。

謝辞：この研究は科学研究費補助金基盤 C、23500524 および 26350508、JST2008 シーズ発掘研究、研究寄付金 2012、2013、2014、2015 ディーブイエックス株式会社、および研究寄付金 2008、2009、2010 株式会社ノムスの支援を受けて行われた。何十年にわたり筆者の神経生物学研究への理解支援を頂いている株式会社ソフトクラブ CEO 鶴田俊信氏に深く感謝する。

目 次

要　旨

この研究の究極の目的は、誰もがDFA（Detrended Fluctuation Analysis：トレンドを除いたゆらぎ解析法）を使えるようにすることである。自然界にある周期的な現象、例えば心拍をチェックするツールを実際に作るための原理を紹介する。この本は改変DFA（mDFA，modified DFA）で明らかになった実験結果を述べている。心拍を検査する数学的演算手順であるDFAはPengらによって1990年代半ばに考案された。しかしその技術はこれまでに診断装置として実用化されていない。DFAをツールとして活用した装置を作ろうという考えで、著者のもとで、かつての大学院生Katsunori Tanakaが、PengのDFAを改変して、mDFAプログラムを作成した。mDFAを検証するため数多くの多様な周期現象を記録し研究した。

甲殻類の心臓の生物学・生理学の歴史は100年を超える。甲殻類は摘出心臓標本の電気生理学実験には好都合な材料である。甲殻類心臓はヒト心臓の良いモデルである。DFAとは、心拍とその制御の状態を定量するための、単なる便利なツールである。本書はDFAの詳細を解説はしていないが、mDFAがどんな仕事をし、心拍運動に代表されるいろいろな周期現象のゆらぎを分析するのに便利であることを述べている。生物医学技術、工学、そして動物生理学の観点で、mDFAは心臓の機能を研究するための便利なツールである。

1 はじめに

1-1 背景と経過

心臓循環器系疾患の患者数は世界的に増加している。例えば、死亡や罹患の主な原因を考えると、心臓循環器系疾患は 21 世紀の流行病だと、欧州心臓学会が ESC2009 で指摘している。迅速でかつ信頼性のある病気の診断装置は次々出てくるが、病気を持つ個人が使えて、正確に注意喚起できるようなツールはまだ無い。着用式の心電計が市販されているが、病気の前兆をとらえるという意味で、ツールの開発はまだ緒に就いたばかりだ。心臓病等の前兆をとらえることができるかどうか、著者は DFA を使って実験を試みた。この本の目的は、その実験の結果を提示して、技術者にツールを開発してもらうことにある。

1-2 確かな方法

著者が最初に目指したのは心臓の健康状態を定量化できる確かな方法を探すことだった。その次は、家庭で使う体温計のように、その方法をいかに使えるツールとして具体化するかということだった。この発想は突飛でもなんでもない。Peng ら［1］や Goldberger ら［2］は、まだツールの製作には達していないが、心拍ゆらぎ解析なら病気の心臓と正常心臓を区別できると、とうの昔に提案していた。この本はそのツールの製作手法を提案する。

1-3 定量法

病気の前兆を発見する確かなツールを作るために、心臓の状態を定量的に記述できる一番すぐれた方法を著者は探した。候補となる方法は何か？それは有名な技術、スペクトル密度解析（PSD）だろう。なぜなら心拍は周期現象だと考えたからである。だが、仲間の物理学研究者 Tomoo Katsuyama と Katsunori Tanaka 両氏に尋ねると、可能性のある選択肢として DFA を提案してくれた。そこで PSD と DFA 両方をロブスター心臓を使って試した。この挑戦で、運動している 2 つのタイプの心臓を DFA が定量的に識別可能であることを見つけた。一つは摘出心臓で、心臓制御中枢から切り離した心臓、他は生体心臓で、心臓制御中枢と繋がっていて、すなわち自律神経系（ANS）制御下にある心臓である。十分正確に両者が区別できることをロシアの学会で発表した［3］。今思えば、心拍データは非定常なので、定常状態で使うことが条件である PSD は、筆者の行う心臓テストには必ずしも適しておらず、一方 DFA は、非定常な、トレンドをもつデータも取り扱える方法であったということだ。

1-4 *1/f* ゆらぎ　重要な概念

1982 年に、物理学者 Kobayashi と Musha が、健康な心臓は *1/f* ゆらぎを出していると報告した［4］。*1/f* 現象そのものの発見は 1920 年代に遡る。Musha の本［5］にその説明がある。電気抵抗に電流を流すと *1/f* ゆらぎが出ることを発見したが（米国ベル研究所、ジョンソンとナイキスト）、*1/f* が生成される仕組みをまだ物理学は明確に説明できていないと述べている［5］。筆者がすすめている実環境データの収集は *1/f* の理解の一助となるやもしれない。Kobayashi と Musha は、*1/f* を観測するために PSD を使った。筆者は、PSD ではなく DFA を選び、特に *1/f* リズムに着目して、多くの動物から得た心電図（EKG）を分析する研究を 7 年ほど前から続けた。

1-5 mDFA（改変 DFA）

心拍の非線形解析の臨床応用はまだ緒に就いたばかりだ。本書では、我々の方法を提示しておきたい。なぜなら、今現在不可能と思えることが将来当たり前のことになるのだ。本書では mDFA がどうやって心臓の状態を定量的に記載できるかを提示する。

ペン氏らが DFA を 1990 年代に考案した［1］。DFA は *1/f* 特性を測定できた。その DFA プログラムはペン氏に頼めば入手できる（Peng ら 1995、Chaos　5 巻　82 ～ 87 ページ参照）。あるいはウェブサイトの “PhysioNet” からも入手できる（Goldberger ら、Circulation　101 巻 3 号　e215 ～ e220 ページ参照）。しかしながら、健康診断に実際に役立つようなツールをまだ誰も作製していない。本書は、適切な数学、物理学、そして理論的記述を最小限にとどめて、mDFA を紹介する。DFA を説明している論文はこれまでに 200 を超えると思うので、詳しい原理についてはそちらに譲りたい。本書の目的は、mDFA がどう動作するかを示すべく実験結果を提示することである。

著者が気にしているのは心臓とその制御系、自律神経系である。無脊椎動物とヒトの両方を使い心電図（EKG）を収集した。ヒトでは EKG 以外に指先脈波も使った。mDFA を実行するのに必要な情報は、心臓の周期的運動の収縮のタイミング情報だけである。これまでに、1,000 超の無脊椎動物の心拍長時間記録と 400 超のヒトデータを収集した。EKG 記録中は、動物標本やヒト・ボランティアの行動を常に観察し、メモとして記録した。この直接観察法は大変重要で、心臓の内外環境に対する応答を生理学的に説明する際に必要不可欠だった。インターネット等で得られる、他の研究者が記録したデータは一切使用していない。

この本が示そうとすることは、mDFA は、生命科学のみならず、他の分野の周期現象、例えば回転運動をするモーターやおそらく地面の振動（地震）にさえ有益であるということだ。

2 材料と方法

2-1 データ取得と倫理

心拍記録には ADI 社のパワーラボを使用した。ヒト EKG 記録には市販の電極、３本で１セットの銀塩化銀電極（Vitrode V、日本光電）を使用した（本書では心電計の発明者 Willem Einthoven に敬意を表し、通常使われている英語由来の ECG ではなく、彼がはじめに使用した EKG という表記を用いた）。EKG 信号はパワーラボへ転送。指先脈波記録も同様。甲殻類モデル動物 EKG 記録用に、プラス極とマイナス極の独立した２本の永久取り付け式金属電極を、電極先端が心臓にそっと接触するように背甲から小穴をあけて刺し、エポキシ糊を用いて固定した。すべての標本（動物もしくはその組織）・被験者は首都大学東京の倫理規定により取り扱った。

2-2 健康な心臓とスケーリング指数

心拍リズムを EKG で監視し、心臓に問題が発生する危険性を予知する単純明快な理論は無い。今の課題は、心拍リズムの記録から、どうやって病気の心臓と健康な心臓とを区別するかである。幸いなことに、1982 年に、健康な心臓は *1/f* リズムを出すという法則が、Kobayashi と Musha により発見されている［4］。言い換えれば健康な心臓はスケーリング指数が１ということであり、ペン氏らもこれを追って証明している［1］。心疾患を診断するためにこの基本法則は頼りになる。心疾患を早期発見するために、筆者はこの自然の法則を利用することを着想し、動物モデルを使い、実験を始めた。

2-3 動物モデル

心臓の研究はまず動物モデルから始め、次いでヒトへと進めた。動物 ― ロブスター、カニ、ザリガニ ― での実験結果は、DFA の先駆者（Stanley, Amaral, Goldberger, Havlin, Ivanov, Peng, その他、20 世紀終わりに DFA 研究を実施した人々）が研究したヒトでの結果［2, 8, 9, 52］と矛盾しなかった。要するに動物心臓の研究は役立つということである。この本の mDFA の実験結果は、いろいろな周期現象を検査するツールを作ろうとしている技術者にとって、役立つはずである。

2-4 心臓の科学の歴史

ヒト心臓の科学研究の歴史は幾世紀も遡る。英国の医師ウィリアム・ハーベイ（William Harvey）のヒト心臓血管システムをはじめて記載した著書 Exercitatio Anatomica de Motu Cordis et Sanguinis in Animalibus（An Anatomical Exercise on the Motion of the Heart and Blood in Living Beings）は 1628 年に刊行された。無脊椎動物の心臓研究の歴史も古い。甲殻類の心臓生理学も今から 100 年以上前に遡る。英国の比較生物学・解剖学者トーマス・ヘンリー・ハクスレー（Tomas Henry Huxley）は 1901 年にザリガニの Zoology（動物学）を刊行し、スウェーデン育ち米国人生理学者カールソン（Anton Julius Carlson）は 1904 年にカブトガニ（*Limulus polyphemus*）心臓の詳細な生理学・解剖学を記載した。無脊椎動物の心臓が我々の心臓のモデルだとカールソンはすでに 19 世紀に述べている。

2-5 心臓の進化

甲殻類心臓は医学の大学の生理学教室で研究されヒト心臓のモデルとして扱われた。筆者は、医学ではなく生物学ではあるが甲殻類の心臓血管システムの神経生物学（Neurobiology）を大学で学んだ［17, 18］。その時多くの医学部の神経生物学者が甲殻類の心臓を研究していたことを知った。例えば上述の A. J. Carlson（1904）［19］のほかに、J. S. Alexandrowicz（1932）［20］、や D. M. Maynard（1961）［21］は歴史的な仕事を残した。彼らの仕事により心臓を制御する神経系の解剖学と生理学、特に心臓制御神経の道筋が判明した。中枢神経から心臓に至る経路の詳細は重要な新知見となった。彼らの先駆的仕事により、甲殻類の心臓は 1 本の抑制性神経と 2 本の興奮性神経で構成されるたった 3 本の神経で制御されていることが解明された［20, 21, 23］。甲殻類が自律神経による心臓制御の良いモデルになった［22］。

脊椎動物ではなく甲殻類をなぜ使うのかとよく聞かれる。その答えは理解してもらえるだろう。進化的に、生命は同じ起源から始まった。我々の心臓

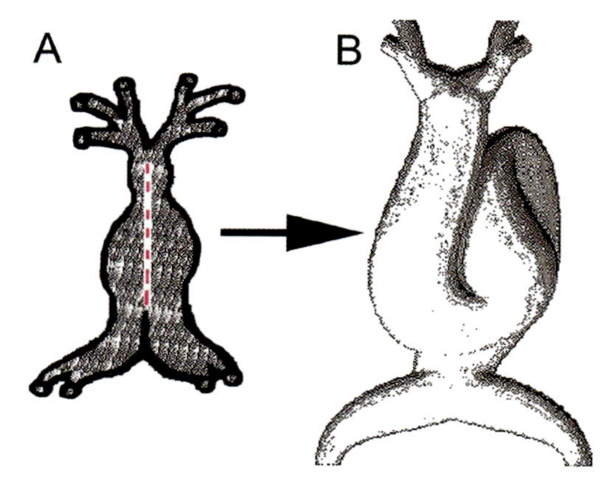

図 2-1　管状の心臓から室心臓へ。脊椎動物心臓の発達の模式図。Henry Gray（1825-1861）など解剖学の本を参照して欲しい

と無脊椎動物の心臓とは構造も機能もよく似ている。要するに、心臓系は両者ともポンプと調節器から構成されている。確かにどちらの心臓も管である（図 2-1）。発生生物学的には、無脊椎動物（ハエ）でも脊椎動物でも、相同な遺伝子（DNA 分子）が働いて管型の心臓が形成される。重要な転写因子分子の名は tinman（ハエ）か Nkx2-5（脊椎動物）である［24］。ウィルキンスらは［25a］生理学と形態学で、ロブスターの室型の心臓がシャコのような管型の心臓から進化したと証明した。面白いことに清水と藤沢［26b］は Nkx2-5 様の相同な転写因子がヒドラにもあることを発見した。清水らは動物の心臓系の起源がヒドラのポンプ運動を先祖とすることを発見したのである。発生の過程において、Nkx2-5 により形成された管は限られた空間内（心嚢膜の中）で折りたたまれると著者は考えている。この空間的制約が、管を折りたたみ室型を形成する要因だと考えている（図 2-2）。

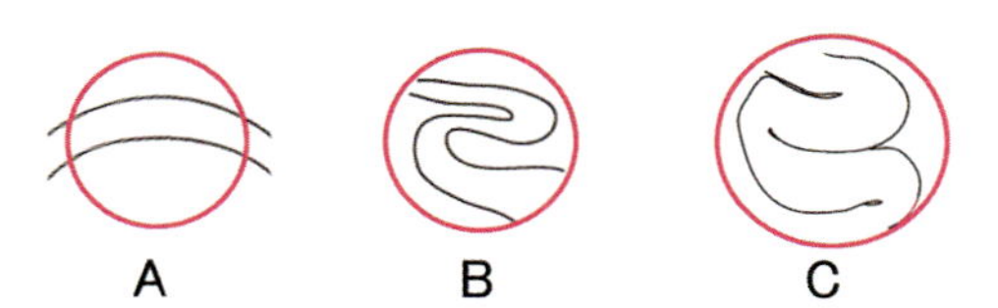

図 2-2　（A）管心臓　（B）囲心嚢という空間的制約のなかで折れ曲がる（C）室心臓が発達

図 2-3　自分で収穫したサツマイモ。固い地盤で曲がった根

進化的に、植物はヒドラと同じくらい古く、植物の根は管構造だ。よって植物の根もまた Nks2-5 様の管形成用 DNA をもっているのではないだろうか。実際に Nkx2-5 のような体作り遺伝子は植物はおろか菌類でも見つかっている。著者は偶然自分の野菜畑で心臓のかたちをしたサツマイモを収穫した（図 2-3）。このイモの根が成長するとき固い土の中で制限され折れ曲がったと著者は考えている。管構造は生命進化で極めて基本だが画期的なのだ。下等生物での発見はヒトに応用できると信じる。現代遺伝学生物学者に感謝したい。

2-6 ペンの DFA

非線形の思考様式は当今評判がよい。1980 年代中頃 Goldberger［2］が非線形動力学の臨床応用の見通しを記載した。以来生命科学のカオスや非線形解析で膨大な論文が出た［7］。心臓生理学および DFA に関する非線形物理学の知識に関しては次の論文およびそれらが引用している文献が興味深い（Peng［1］、Glass［8］、Stadnitski［9］、Stanley［10］、Goldberger［2］、Katsuyama［11］、Pérez［12］、Liebovitch［13］、Huikuri［14］、Bigger［15］、Scafetta［16］）。著者は基礎知識をこれらから得た。Bigger ら［15］の論文は、心拍に見られるべき法則の基本的な考え方を網羅している。だがどれも役に立つツールの作り方にふれていない。この本は、生体臨床医学において、べき法則（つまりDFAが関係する）の考えが優れた実用的手法であり、実環境データにmDFAが貢献することを提示する。本著作がツールの製作に向けた公の論議のきっかけになり、誰かがDFAツールを作ることを期待している。現在著者は日本企業、シンフォデアフィル社滝口社長と共同研究中である。DFAツールの考えは2014年8月2日にミルウォーキー市で開催された国際会議SCTPLSで紹介した。

2-7 DFAのコンピュータープログラム

元のDFAとmDFAとをここで比較する。大部分の計算の順序は両者似ている。しかし一つ違いがある。以下DFAとmDFAとの違いを示す。

読者はDFAプログラムをGoldberger、Peng、その他によって供給されているインターネットの“PhysioNet”から得られる。インターネットからmDFAは得られない。プログラミングの知識があればDFAをmDFAに改変できる（筆者にその能力は無いが、筆者の研究室に在籍してた大学院生Katsunori Tanaka氏がmDFAを考案した）。

DFAはスケーリング指数という値（ペンらはこれにギリシャ文字のアルファをあてたが、この本ではSI「scaling indexの略」）を計算する。時系列データがスケーリング則にしたがっていると仮定している。DFAは「スケーリング」や「自己相似性」の考えに基づいている［9］。ペンのDFA［1］は臨界現象を解決しようとするものである。

あるデータがスケーリング特性を有するなら、自己相似ゆらぎ（self-similar fluctuation）が提示される［1, 10］。つまり、記録信号を、時間拡大（長時間）して見る場合、または時間縮小（短時間）して見る場合、みな統計的に似たものになる、ということを意味する。一般的に、ゆらぎのある信号を扱い、全体から分けられて、限られた区間を決めて、それを調べる場合、信号の平均値や分散のような統計量を算出すれば、ゆらぎ方を評価することができる。だが、平均値は必ずしも単純な平均ではなくてもよい。DFA研究では平方平均を使う。この統計量は区間の長さによって変わるのである（時間とともにゆらぎ方がどんどん変わることも想定される。長い時間長のデータから求まる平均値と短時間長のデータの平均値は必ずしも同じにならない）。

DFA を実用化して心臓の調子（疾患などの様子）を検査するツールにするためには、適切な区間がいくつかということを把握解明する必要があった。つまり自動計算できるために必要な、最適な「ボックス・サイズ（区間範囲）」または対象にすべき「心拍の数」がわからなかったのである。それは被験者特有の値ではなく、一般に共通に通用するようなボックス・サイズ値でなければならなかった。何百もの試験の結果、その範囲は心拍数で、30 から 270 ということが決められた（下記参照）。

スケーリング指数、DFA あるいは関連する項目は T. Stadnitski によってよく説明されているので、フラクタル研究における語彙の、フラクタル、スケーリング、ハースト指数、パワー・スペクトル密度などはその著作［9］を参考にして欲しい。以下、著者は、スケーリング指数の略称として SI またはアルファ（α）を使用する。

2–8 mDFA

DFA という解析には、1 拍のミスも無く連続して、正確に心拍間隔時間を測定する必要がある。mDFA も同じである。正確な心拍タイミングを検出するためには、EKG が安定して記録される必要がある。それゆえ正確に心拍タイミングの波形（心電図でも脈波でも血流量でも波形が得られる方法であればよい）の頂点の識別が必要となる。著者は、基線変動のすくない基線安定増幅器を作製して EKG を記録した。この増幅器は入力時定数が 0.1 秒から 0.22 秒（C ＝ 0.1 μF, R ＝ 1 MΩ から C ＝ 0.22 μF, R ＝ 1 MΩ）で増幅率は 2,000 倍である。この条件で安定した記録ができることを見つけた。サンプリング・レート（標本抽出率）は 1 kHz である。なぜならクラシカルな電気生理学の経験者は活動電位の頂点が刺激に反応して発火する際にふらつく（時間が前後にゆらぐ）のに、ミリ秒のゆらぎがある事を知っているため、ミリ秒の正確さ、すなわち 1 kHz となった。いわゆる心電図の R ピークをまず認識し、そこから得た R–R 時間間隔に相当するピーク間隔を計算したあとで、心拍間隔時系列がつくられた。この時系列データを mDFA プログラムにより解析した。

mDFA結果の信頼性のために、（計測条件を一定にすることを考慮し）2,000

拍連続記録を確保することを本研究では必須条件に、トライアンドエラーの結果決定した。ツールを製作したい読者にとっては 2,000 拍が理想心拍数である。ただ、実際に研究中には 700 拍から 5,000 拍までいろいろなデータ長をテストした。そのため本稿に提示されている図には 2,000 拍結果ばかりではなく、短いデータや長いデータの結果もある。ツールの作製には、条件を一定して、拍動数は連続で 2,000 拍にしたい（実際 1,800 でも 2,200 でもほとんど指数は変わらない）。心拍のピーク時を検出するには、いろいろな方法がある。しかし著者は、指先の脈記録および指先の赤外線血流記録よりも安定 EKG 記録が良いと結論し、EKG で研究した（連続 2,000 拍を安定して取るには心電図法がよい）。

DFA 計算は一度に複数実行した。つまり多数の異なる区間、つまり異なるボックス・サイズにおいて一度にスケーリング指数を求めた（図 2-4）。2004 年から 2006 年まではプログラム A（図 2-4）のボックス・サイズを使った。ボックスの範囲は［30; 60］、［70; 140］、［130; 270］および［30; 270］である。 4 種類の SI が自動的に一度に求まる。もし他の範囲での値を求めたい場合には手動で自由に計算した。パソコンの性能が進歩したという理由もあって 2006 年から一度に計算するボックス・サイズ範囲を増やし

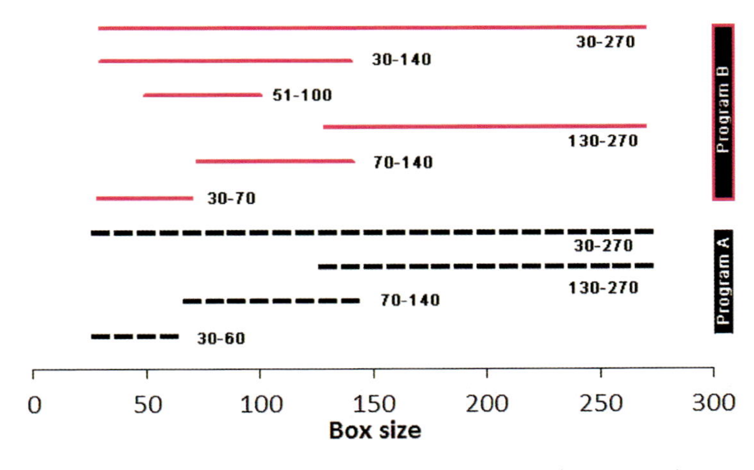

図 2-4　ボックスサイズの範囲（どのボックスサイズからどのボックスサイズを計算に使うか）

た。それがプログラム B である（図 2-4）。含まれるボックス・サイズは［30; 70］、［70; 140］、［130; 270］、［51; 100］、［30; 140］、［30; 270］となった。この範囲は任意に決めたもので根拠は無い。今日まで A、B 両方のプログラムをいつでも同時に使用してきた。2006 年以前に取ったデータでも A、B 両方のプログラムで処理してデータベース化してある。

プログラム A は 53 個のボックスを使い（図 2-5）プログラム B は 136 個のボックスを使う（図 2-5）。いずれの計算のどの場合でも、必ずスケーリング指数の平均値を求めた。この値を、全範囲の平均の SI 値とした。

以下の章では、この mDFA の結果が提示される。すなわち、記録した心拍数は約 2,000 拍で、デジタル記録のサンプリング周波数は 1 kHz で、断

Program A	53							
10	11	12	13	14	15	16	17	18
	19	20	21	22	23	24	25	26
	27	28	29	30	40	60	70	80
	90	110	120	130	140	150	160	170
	180	190	200	210	220	230	240	250
	260	270	280	290	300	400	500	600
	700	800	900	1000				

Program B	136							
10	11	12	13	14	15	16	17	18
	19	20	21	22	23	24	25	26
	27	28	29	30	31	32	33	34
	35	36	37	38	39	40	41	42
	43	44	45	46	47	48	49	50
	51	52	53	54	55	56	57	58
	59	60	61	62	63	64	65	66
	67	68	69	70	71	72	73	74
	75	76	77	78	79	80	81	82
	83	84	85	86	87	88	89	90
	91	92	93	94	95	96	97	98
	99	100	110	120	130	140	150	160
	170	180	190	200	210	220	230	240
	250	260	270	280	290	300	310	320
	330	340	350	360	370	380	390	400
	410	420	430	440	450	460	470	480
	490	500	600	700	800	900	1000	

図 2-5　mDFA で使うボックスサイズの種類。プログラム A では 53 個、プログラム B では 136 個使用

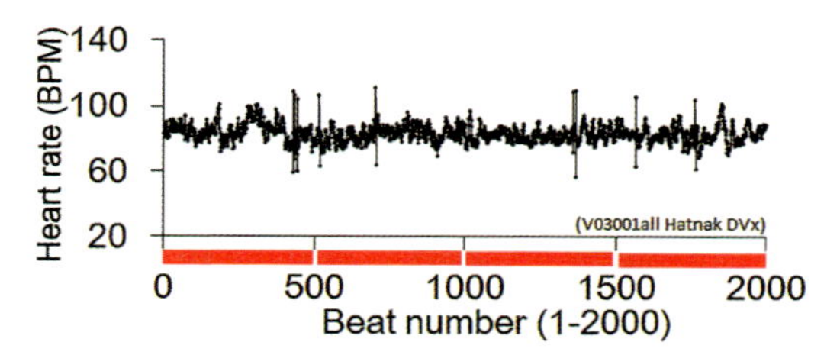

図 2-6　時系列とボックス。ここでは 2,000 拍を 4 つのボックスに分けている

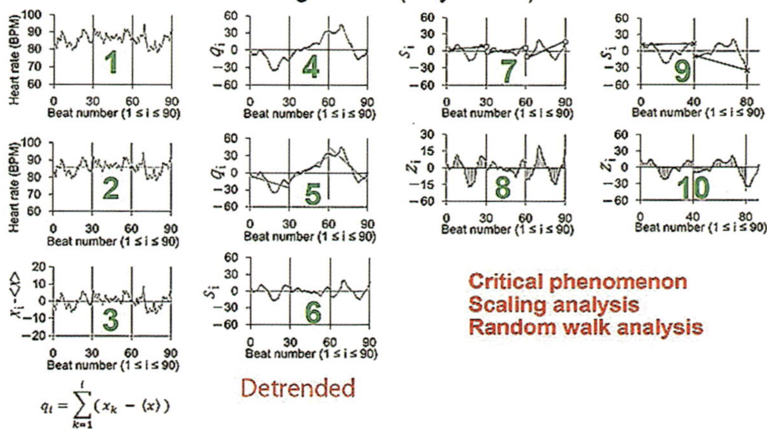

図 2-7　mDFA および DFA での 10 種類の手順

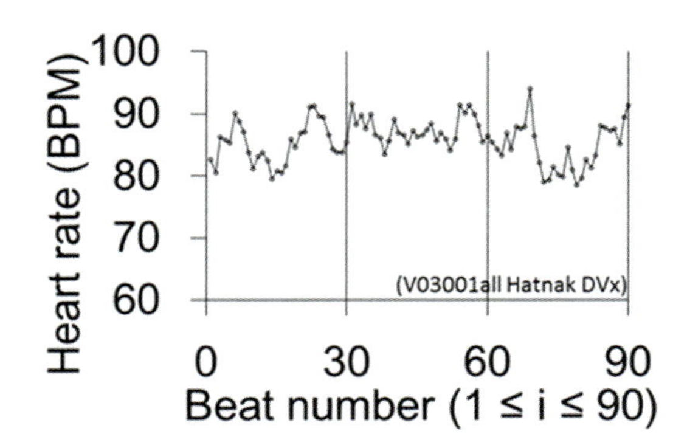

図 2-8　ステップ 1。時系列を作り、ボックスに切る

りの無い限り、主たるボックス・サイズ範囲として［30; 270］を使い SI を求めている。

2-9 ボックス

以下、mDFA の計算法について、特に mDFA とペンの DFA との違いを説明する。

図 2-6 は DFA 計算で重要な、ボックスという概念を説明している。図 2-6 は、あるヒト被験者の心拍間隔時系列で、総数は 2,000 拍で、7 拍の不整脈が出ている（縦の線）。これは期外収縮と呼ばれる不整脈である。赤い水平線で示してあるが、2,000 拍が 4 つの集団に均等に分割されている。この分割されたものをボックスと言う。よってボックス・サイズは 500 である。ボックス内の心拍総数は mDFA でも DFA でも同数に分割される（総数 2,000 拍なのでたとえばボックス・サイズが 10 なら、200 個にデータを分割したということである）。mDFA 計算では、パソコンが自動的に循環的に、ボックス・サイズ 10 から順に 1,000 まで繰り返し演算するのである（図 2-5 の 10 から 1,000 までの数字を参照）。

図 2-7 は 10 個の主要な mDFA 段階的計算手順を図式的に提示している。ステップ 1 から 10 までの番号を付けた。いわゆる DFA 処理（トレンドを除く処理）はステップ 6 である。ここがまさに、例えば、ランダムウォーク解析の考え、臨界現象の解析の考え、そしてスケーリング解析の考えに関係するのである。以下ステップ 1 から 10 を説明する。

2-10 mDFA および DFA の作業処理過程

まず第一に、対象となるデータを得る（図 2-8、ステップ 1）。この図には時系列全体の 90 拍しか表示されていない。ボックス・サイズは 30 で 3 つのボックスが提示されている。

ステップ 2 では記録された心拍（Heart rate）の平均値を求める（図 2-9 の点線）。心拍は心拍間隔時間の逆数である（心拍数とは毎分の脈拍数。図の BPM、Beat per min）。平均心拍数の代わりに平均心拍間隔、例えば医学心電図で R-R 時間間隔の平均値を使用した場合でも SI の結果は同じである。

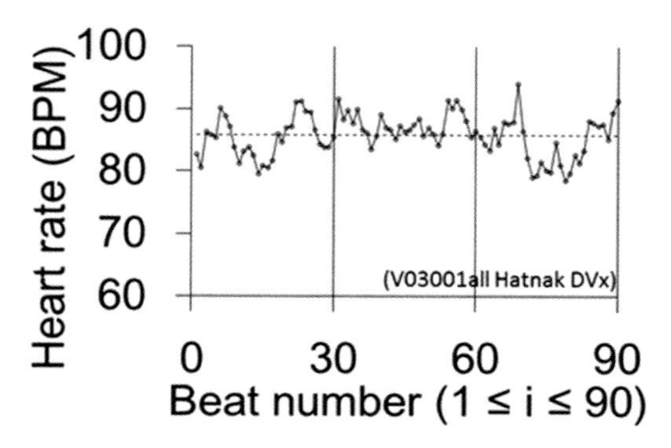

図 2-9　平均心拍数を計算する

拍動間隔は、EKG でもピエゾ式パルス計測でも赤外線式血流計でも計測可能だった。DFA も mDFA も隣り合う二つの拍動の時間間隔だけが必要なのである。将来のツール製作を見込むと筆者には EKG が最良だった。将来は、心電図の電極を装着する煩わしさが解消され、非接触で心拍を 2,000 拍連続して取れる技術が開発される。

ペンの DFA は、各ボックスごとに平均値を求めている。一方 mDFA プログラムでは 2,000 拍の平均値一つを使っている。どちらでも「数学的に」SI の結果に変わりはない（しかし「プログラム的に」結果に違いが出るだろう）。

ステップ 3 では $x_i - \langle x \rangle$ を計算する。x_i とは、2,000 個の拍動間隔データのうちの、i 番目の拍動間隔データである。つまり 1 拍から 2,000 拍まで繰り返す。$\langle x \rangle$ とは、拍動間隔の平均値である（上述）（図 2-10）。

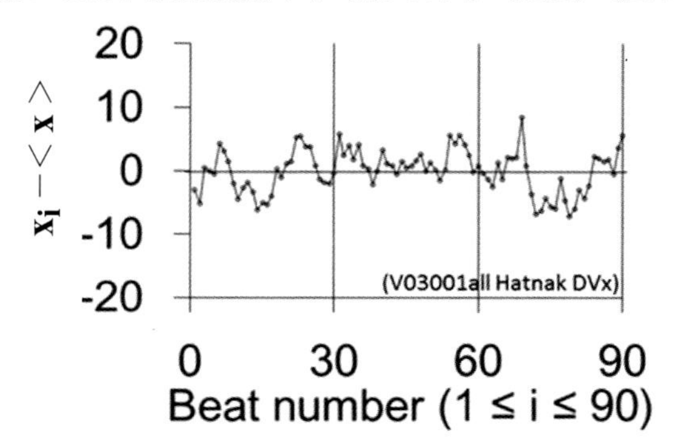

図 2-10　ゼロ線の周囲でゆらぐ。それぞれの値から平均値を引いた

図 2-11 はステップ 4 を示している。全 2,000 個のデータを順に加えた（シグマ）級数、

$$q_i = \sum_{k=1}^{i} (x_k - \langle x \rangle)$$

の初めの 90 個の部分でありゼロ線を越えて上下することがわかる。このランダムウォーク様の軌跡が DFA や mDFA を計算する基本のデータである。

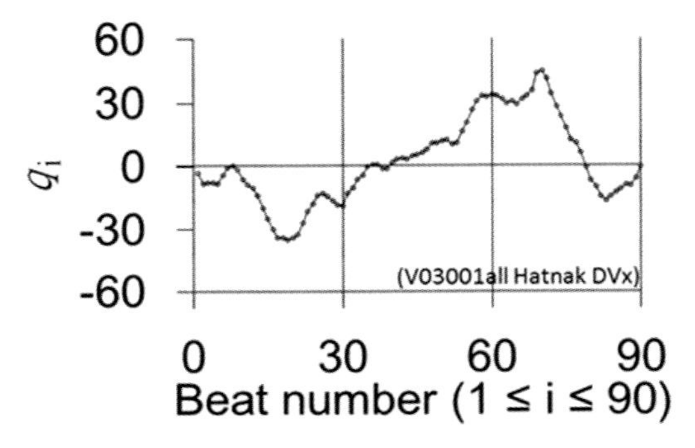

図 2-11　ゆらぎをはじから加算する。ランダムウォーク様の軌跡

ステップ 5 では各ボックスにおいて回帰直線（q_j）を引く（図 2-12）。mDFA プログラムでは四次近似だが図 2-12 では、便宜上一次近似で、直線で、説明している。

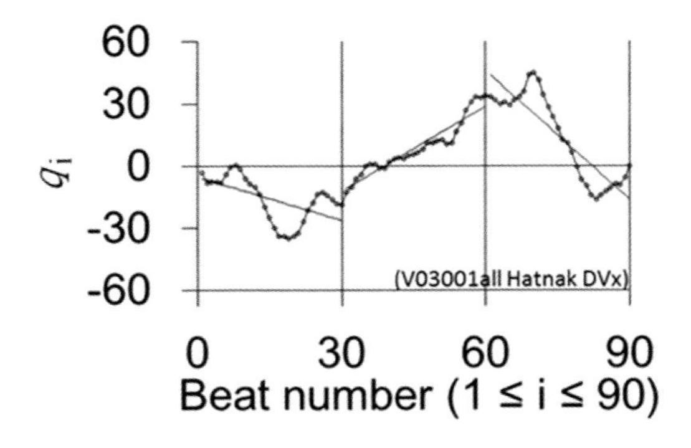

図 2-12　ボックス内に回帰線を引く

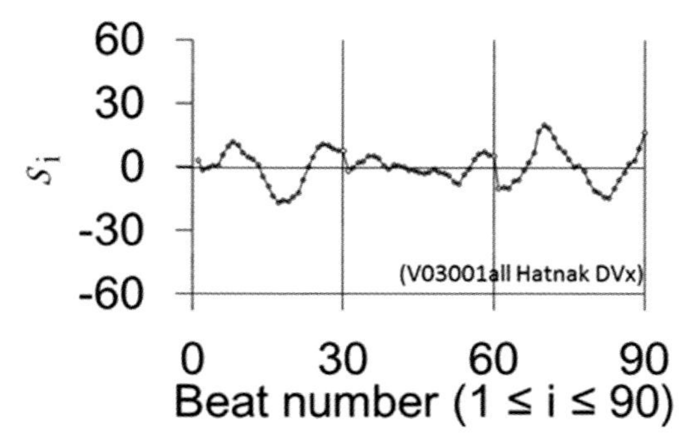

図 2–13　トレンドを除去。それぞれの値と回帰線との差

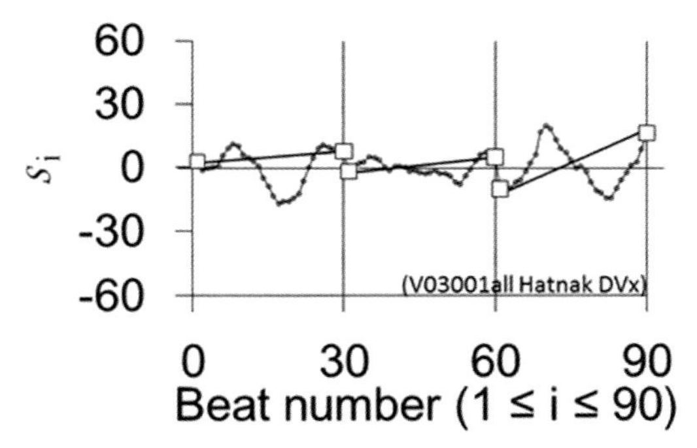

図 2–14　ボックス内で、ランダムウォークがどれだけ変動したか。出口と入口の差の計算。

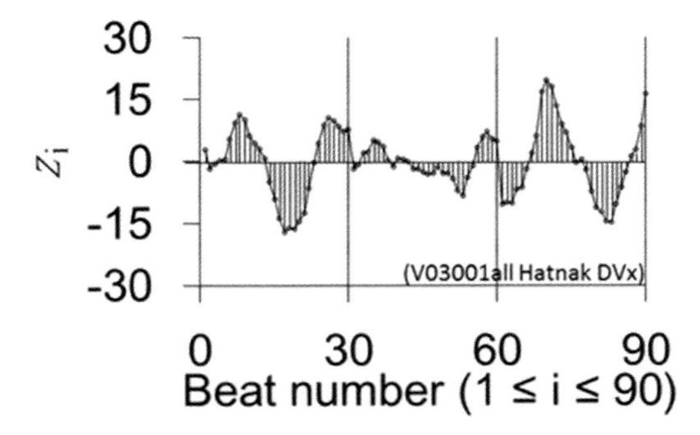

図 2–15　Peng らの DFA 法の場合の計算は、それぞれの値と回帰線との差

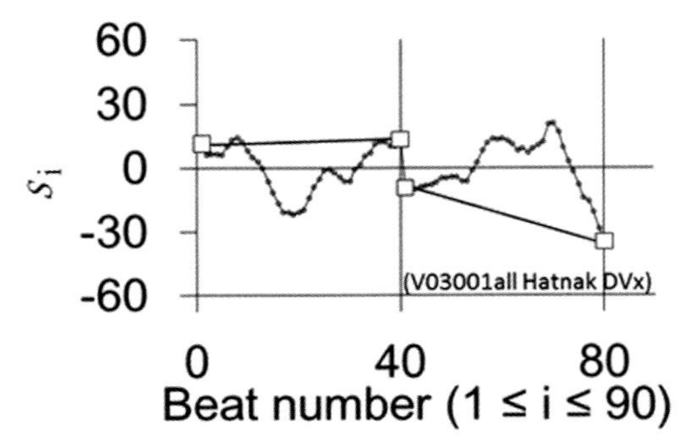

図 2-16　ボックスサイズ 40 での mDFA の例。出口と入口の差を計算

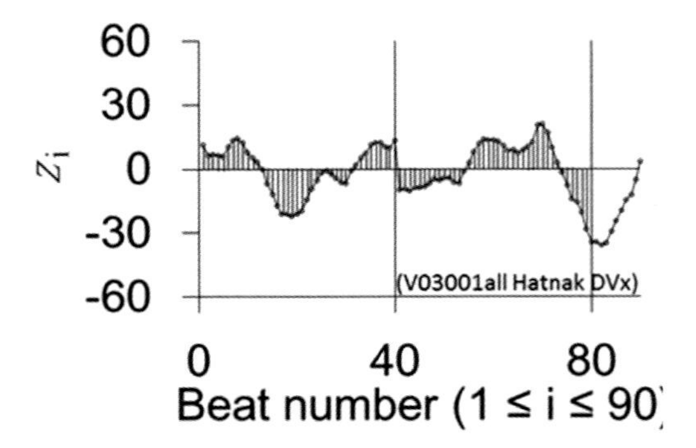

図 2-17　ボックスサイズ 40 での Peng らの DFA の計算

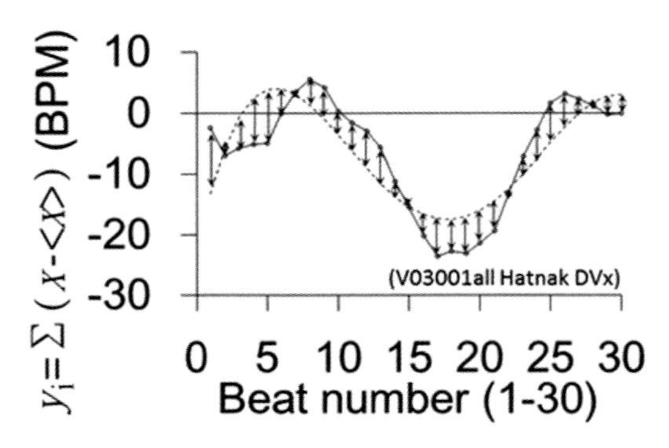

図 2-18　ボックスサイズ 30 での Peng らの DFA で、四次回帰線の場合

ステップ 6 はトレンドを除く過程（図 2-13）である。Si を求める。

$$S_i = q_i - q_j$$

を計算する。ここで q_i はランダムウォーク様の軌跡で、q_j は上述の回帰直線である。

ステップ 7 では一つのボックスの中で軌跡を追い、どれだけ変動したかを、入口と出口の差として求める（図 2-14）。これが mDFA の計算である。ペンの DFA ではこの計算ではない。ペンの DFA では、ランダムウォークの線（y_j）と回帰直線（y_v）の隔たり（Z_i）を計算する。すなわち、

$$Z_i = y_j - y_v$$

を求める（図 2-15）。要約すると、mDFA と DFA とには違いがある。この変更は、Katsunori Tanaka（KT、元大学院生、著者の研究室）により、Scafetta et al.（2002）［16］の論文等の指摘にしたがって改変がなされた。mDFA は、心拍間隔時系列データが内包しているフラクタル性をとらえ、そのスケーリングを観測することを目的としている。

回帰直線を引く際（図 2-12）、KT の mDFA プログラムにおいては、四次の回帰線が良いことを本人が確認している。図 2-18 はペンの DFA で四次回帰線をボックス・サイズ 30 で使用した例を図示している。

2-11 スケーリングを調べるグラフ

図 2-10 で求めた各項の値を順に加えたデータ（図 2-11）を用いてスケーリング指数が求まる。重要な数値は、ボックスがいくつ得られるかで、N/n を計算すれば決まる。ここで n はボックス・サイズで、N は間隔データの総数（データが 2,000 個でボックスが 10 ならば、ボックスは 200 個ある）。mDFA 計算ではボックス・サイズ（n）を 10 から 1,000 まで順に変えて循環演算を行う。循環演算において、各ボックス（n）ごとに統計量 variance（分散）F（n）を求める。そのあと両対数グラフ n vs. F（n）— log n 対 log F（n）— を描き、そのグラフ上で、回帰直線を引く。いろいろなボックス・サイズ範囲（図 2-4 参照）に回帰直線を引き、回帰直線の傾きがスケーリング

指数を与える。この手順でmDFAはスケーリング指数（略称、SIまたはギリシャ文字アルファ、α）を求める。

著者が調べた限り、PhysioNetに公開されているペンのDFAプログラムのソースコードでは、スケーリング指数の決定に次の式の計算

$$F(n)=\sqrt{\frac{\frac{\sum_{k=1}^{N}(y_k - y'_k)^2}{n}}{\frac{N}{n}}}$$

をしている。ここで y_k は項を順に加算した級数の線（図2-11）、y'_k は回帰線である。

しかし、上述したようにmDFAプログラムでは次の式、

$$S(n)=\sqrt{\frac{\sum_{j=0}^{\frac{N}{n}-1}\left\{(q_{jn+n} - q'_{jn+n}) - (q_{jn+1} - q'_{jn+1})\right\}^2}{\frac{N}{n}}}$$

のようになっている。F(n) と S(n)，あるいは q_j と q'_j は概念的には同等の表現である。ただ異なる文字を使用してmDFAとDFAを比較している。この式を検討することにより、だれでも独自の、実際の目的に合致したスケーリング指数自動表示「実用」プログラムを作製できる。

実際にどのように線を引き「グラフからSIを求める」のか図2-19と図2-20が示している。まずボックス・サイズに対する分散のグラフを作る（図2-19）。mDFAを実用化するには、ボックス・サイズ範囲［30; 270］を使う。なぜならいろいろな線の中で平均値に「(いつでも」「必ず」近い値を出すスロープ（図2-19のいくつかの線を参照）は［30; 270］である。これは以下本書に提示される全ての結果において適用できた。

Box Size	下2桁 mDFA	計算値
1(30−60)	0.45	0.447003046
2(70−140)	1.74	1.735535655
3(130−270)	0.68	0.684076646
4(30−70)	0.54	0.543145292
5(51−100)	1.77	1.765981255
6(10−1000)	1.09	1.086966644
7(30−270)	1.22	1.22227578
平均	1.07	1.069283474
標準偏差	0.50	0.50

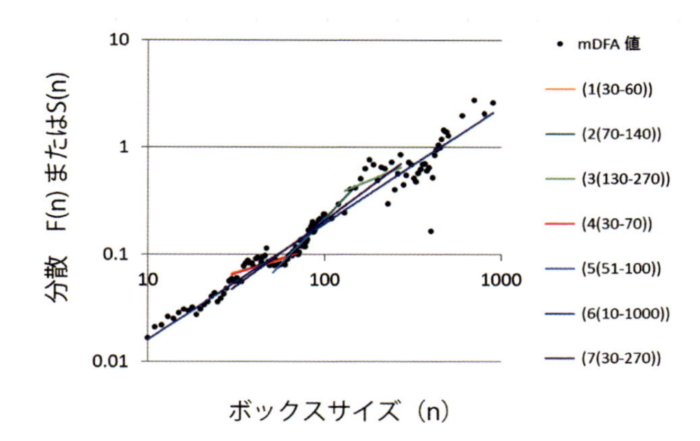

図 2-19　実際の mDFA のグラフの例

ボックスサイズ		スケーリング指数
30-70		1
70-140		0.71
130-270		1.21
51-100		0.75
30-140		0.91
30-270		0.98
AVE		0.92

図 2-20　実際の mDFA のスケーリング指数の値の例

手短に言えば、ペンのDFAはSIを分散、すなわち〈$(x_i)^2$〉から求めた。この考えは臨界現象を扱う考えが背後にある。これはランダムウォークを見ている。一方、mDFAは〈$(x_{i+j}-x_i)^2$〉からSIを求める。この考えは構造関数や分布関数から着想したという。スケーリングの性質を見ている（このプログラムはKatsunori Tanakaが著者のもとで大学院生として神経生物学研究室に居たときに作製された）。

3 mDFAの黎明期

3-1 個々人に合わせた医学

DFAという研究の取り組みの始まりは1990年代に遡る［1］。我々のコンピュータープログラム（著者の研究室でKatsunori Tanakaにより作られた［42］）はペンらのDFAに変更を加えたものである。そこで採用したのはScafettaとGrigolini［16］論文の指摘である。それは、Gauss分布でもLévy分布でも正確なスケーリング指数を実世界データにおいて算出できるように期待して変更し、一つ一つ試験したのである。我々の独自のコンピュータープログラムは過去の報告［1, 9, 10］を基にしており、それは文献の［40, 41］に述べた。

我々の達成目標は「健康な個体・人間の心臓は、SIがいつも1となる」という大自然の法則（科学の原理・秩序）を質素に簡潔にただ活用することである（ゆらぎの物理学が目的ではない）。活用にあたり、大前提となる事は、もしSIが1でない場合、つまりひどく低いあるいはひどく高い場合、その個体・人間は心臓に健康「問題」を抱えていると認定することにする、ということだ。ただし、その「問題」が一体何なのかに関する回答をDFAは与えてくれない。原因となる仕組みは個別に、個人個人で異なるのである（熱がある場合、原因がウイルス感染なのか癌なのかを熱だけで判断することは不可能である）。従来の生物医学の統計では全被験者を平等に取り扱っていない。例えば、インフルエンザワクチンを例にとると、ワクチン接種後の死亡率は1000万人に3人［43］であり、大変小さいと思われるだろう。しかし軽視してよい命などあるだろうか。誰もがみな個々に固有の互いに異なる1セットのDNAを持っている。2人として同じということは無い。我々に必要なツールは、誰もに使える健康検査の単純なツールだ。mDFAはそのためのツールとなる。mDFAは、先週は良かったが今週は良くないなどという意味のことを数値で示す（ミステリーである。だがその原因は当人に一番心当たりがある。今週何があったのか当人が一番よく知っている）。その結果によって使用者は謎を自分で解決し始めることになる。筆者は、これから、

mDFA を使って被験者一人ひとりを調べ、mDFA という生物医学技術の可能性を示すことにする。

一人ひとり調べると言ったが、法則化できる事が一つだけある。もし被験者が健康なら、Kobayashi と Musha［4］が明らかにした自然の法則により、SI は 1 になるという事だ。

3-2 2,000 拍と 3 分間

数学的手法で、n^{α} と書くと、２つの数値は n が累乗の基数で、α は累乗の指数、あるいはパワー（指数、乗）である。基数が心拍のボックス・サイズになる。mDFA は α を計算する。これがスケーリング指数 α（または SI と書くことにする）である。n は無限に大きくできる。だが実際には EKG を無限の長さで記録するなどできない。技術的に、医学現場で、実際にどのくらいの長さの EKG を取ればツールとして使えるのだろうか？ どのボックスを対象に見ればよいのか？ それらへの答えは、特に生物学・医学分野で未解決だ。だから実際に使えるように、とにかくこの問題を解決しなければならなかった。その解答は現実問題として 2,000 拍を連続記録してその後 SI を計算すること。筆者が見つけ出したこの 2,000 拍という心拍数の数値は、心拍の記録時間にして 30 分ないし 40 分に相当する。この時間の長さはたいていの被験者にとって、「不満を言わずに動かずに、椅子に座り、ただ筆者と話をしていられる」限界の時間であると筆者は結論した。診断するツールを作るためには、30 〜 40 分が限界の時間であり、2,000 拍の記録が理想条件である。目標は、誰もが使えるツールを作ることにあるのだ。

動的システム（たとえば心臓およびそれを制御する脳神経を含む心臓血管システムのこと）とは、時間の推移とともに自分から変化してゆき（不安定で一定でないこと。ゆく河の流れは絶えずして、しかももとの水にあらず：鴨長明の『方丈記』)、その結果複雑な構造を作り出してしまうシステムのことである［44, 45, 47, 48, 51］。現在の状態は、その前の状態の関数として表現でき、また逆に、未来の状態を決める基となっているのである。生物には、Barnsley の書『Fractals Everywhere』［49］（その本の図の 5-1 と図の 5-2 を参照して欲しい）にあるように、フラクタルやスケーリングはいたる

ところに見られる。図の5-1には、木の、幹、枝、小枝、と見るスケールを変えても同じ模様に見えるという、スケール普遍性の図がある。この植物に見られるフラクタルは植物細胞の発達する時間経過の結果なのである（その本の図5-2A、図5-2B）。しかしこのスケーリング特性は無限には続かない。生物の形態形成は無限大ではない（現実社会では、物理学で言うような、理想状態というものは考えられない）。生物でスケール普遍性という「法則」が働くには限度があるのだ。このスケールサイズ（データを切り取って見るサイズ範囲のこと）に限度があると、実際に「心拍解析・自動解析ツール」を作るときに、「どのサイズを見るか？」が問題になる。これがmDFA自動化が直面する、ボックスサイズの範囲を決めないと自動計算できないという問題である。ふつう目にする木でいうならば、高さはせいぜい10 mのオーダーが最大で（巨大セコイア杉でも100 m超）、最小は1 mm程度までスケール普遍性の法則が働いている。したがって木のnの範囲は［1; 10,000］（単位：mm）に限定される。

心拍データのスケール普遍性特性は、nが不明である。mDFAで沢山調べた結果、最適n範囲は［30; 270］に決まった［39］。mDFAを使う限り、心拍の記録長さnに、この範囲［30; 270］を使用すれば、心拍ゆらぎのスケ―リング指数が正しく表現できると保証する。この長さ、30拍から270拍ということの意味は、およそ0.5分から3分という時間長にいままでわかっていなかった「法則」が見えてくるのだ、と発見したということである。この3分という時間長は大変興味深い。筆者が考えるに、体の仕組みが変化せず一定で、忘れやすい記憶さえも心にとどまる、生体や大自然の基準時間である。例えば電話番号1-800-123-4567を覚えてダイアルし終わるまでに、3分までなら忘れない。例えばボクサーが全力で戦うのは1ラウンド3分である。生理的仕組みが一定を保てる時間が3分でそれを超えると変化するのだ。これがボックスサイズnの最適範囲［30; 270］の意味である。脳は3分間定常状態をほぼ保てるのだと言ってしまおう。この限定された時間長3分、大きくても5分、が体が定常で居られる時間である。この発見がmDFAで見つけ出された興味深い結果だ。

まとめると、明らかになったのは、mDFAを生物医学に使う場合2,000

拍記録、ボックスサイズの範囲［30; 270］である。つまり 30 分間記録、そして、3 分間長範囲内に見つけ出すべきスケーリング法則あり、ということだ。

3–3 自然死と予期できない死：無脊椎動物の心臓

健康な心臓は *1/f* のリズムを出し、従ってスケーリング指数 SI が「良い数値」つまり 1 となる（Kobahashi and Musha, 1982）。筆者は疑問に思った。一体全体死ぬとき SI はどうなるか？ 誰も知らない。沖縄でヤシガニ（*Birgus latro*）を獲り（理由は空気呼吸なので水槽の水管理をする必要がなく、長期にわたる健康管理が容易なこと、また大型なので心電図信号が取りやすい）、東京にもって来て観察し続けた。テストは 3 回行った。リンゴと煮干しを与えた。死亡するまでできる限り健康管理に努めた。最初のテストは毎日世話をし数か月要した（3 月から 10 月）。気候が寒くなり餌を食べなくなり動かなくなり死亡した。夏の間は健康で SI は 0.9 から 1.0 だった。秋になり指数 SI が低下し 10 月に死亡した（図 3–1）。

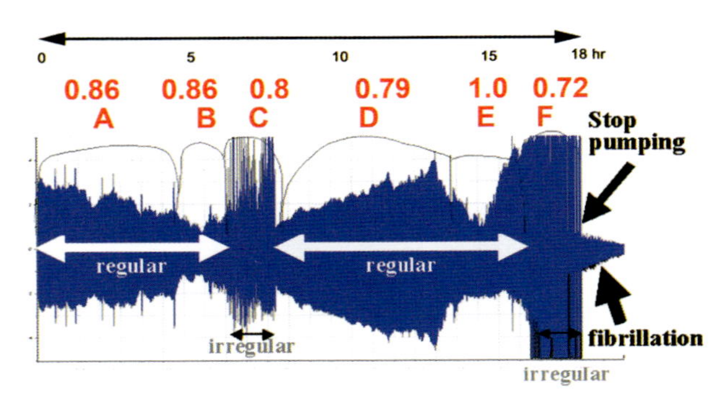

図 3–1　死にゆくヤシガニの心拍記録。A から F の区域に分けている。対応するスケーリング指数（SI）が示してある

アメリカザリガニ（*Procambarus clarkii*）、小笠原のカニ（もくず蟹 *Eriocheir japonicus* と鋸ガザミ *Scylla serrata*）、伊勢エビ（*Panulirus japonicus*）、アメリカのオマールエビ（*Homarus americanus*）、さらにいろいろな昆虫、オニヤンマ、スズメバチなどで実験を重ねると、みな死亡する

ときにSIが0.7くらいに低下することを発見した。自然死ではSIが低下し、最後に心拍が停止するとき、それでも心筋細胞は動こうとして細動した（Fibrillation、図3-1参照）。

mDFA研究で発見したことは、死に行くカニの心臓拍動は低いスケーリング指数を示すということだ（図3-1）。最後のポンプ拍出のあと、心拍は停止したのに、つまり死んだのに、まだ心筋は細動のように見える収縮をしようとしていたのである（図3-1）。この現象は、心筋細胞内のカルシウムイオン貯蔵部位から、カルシウムイオンが自発的に漏えいするという、病理メカニズムで説明が可能である。サイレント・リークとかカルシウム貯蔵部からのスパーク的ではないわずかな放出で、この細動が起きていると［57］考えられる。つまり心筋細胞は壊死している最中なのだ。著者はこの最後の時間帯に記録したEKGをPoincaré map（ポアンカレ写像）で分析した（図3-2）。図3-2が示すのは、5ミリ秒の遅れ時間で埋め込まれた状態空間表示である。これにより分かったことは、正常心拍なら同じ軌道を回るということだ。つまり電位と時間との関係が毎回の拍動で同一軌道を描くということだ（図3-2A）。死が近づくと、軌道は徐々に不規則になっていった（図3-2のAからFz）。これは重要な発見だった。死に行く動物体内で血液の状態が悪化している、つまりイオン組成のバランスが徐々に崩壊している。正常ならば血液主イオンのナトリウムイオンやカリウムイオンの濃度は正確に調節されていて、健康な状態の活動電位が出るようになっていなければならない。この図では軌道が不規則だとわかる。死亡した細胞はパンクしている。カリウムイオン（健康な細胞内にはカリウムが外部の10倍多い）が細胞外へ逃げ出している。組織液中のカリウムイオンが増加し、高カリウム血漿状態だ。図3-2の実験が示したのは死亡前の末期状態の悪液質という状態なのだ。本実験のSIの変化からわかったのは、細胞の正常状態から死亡状態への遷移をmDFAは捉えているということである。

現在までにSI低下を示すがん患者のEKGを数例分得ている（例1．コード名Ymnak、女性、大腸がんで甲状腺機能障害で、心膜液貯留状態。彼女に会いEKGを記録したのは2007年5月18日、彼女の65歳の誕生日。SIが0.65［30; 270］。死亡したのは2014年であった。例2．コード名

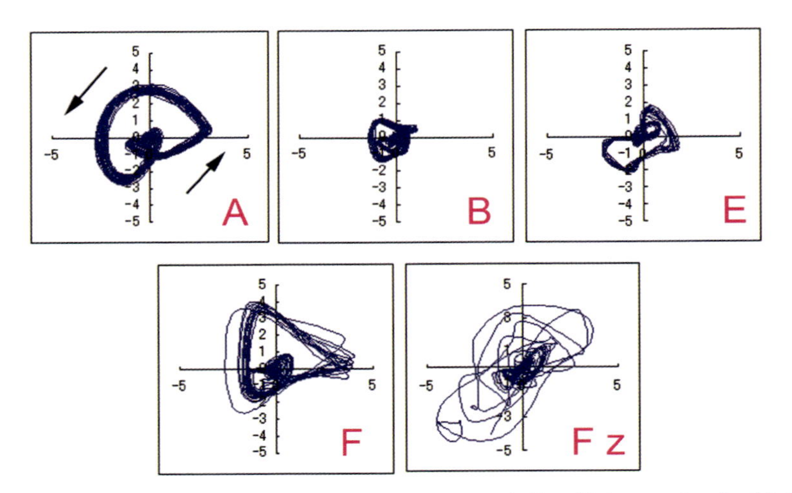

図 3-2　状態空間表示の図。図 3-1 の A, B, E, F の心拍に対応。Fz はいちばん最後の心拍に対応している。状態空間うめ込み法は、5 ミリ秒の遅れ時間で（ポアンカレマップ）EKG の 20 秒間を使用。A：心停止の 16 時間前、ノーマルな心拍の軌道、B：11 時間前、E：1 時間前、F：心停止の直前、Fz：心拍停止時の最後の心拍軌道。

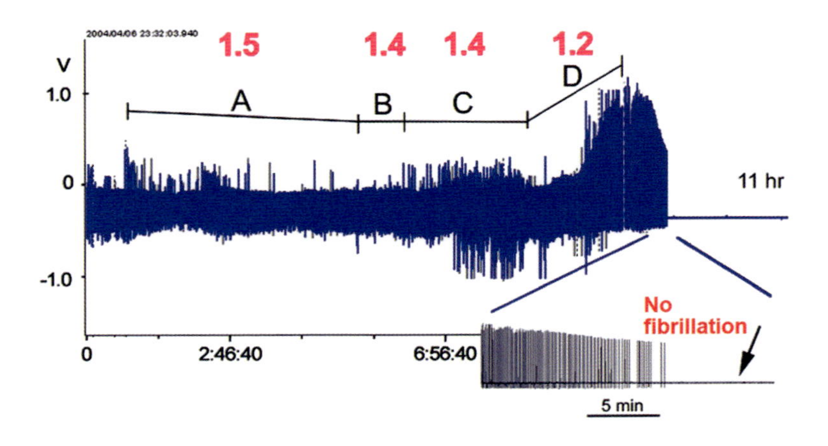

図 3-3　モクズガニ（*Eriocheir japonica*; De Haan、1835）の心臓が突然停止。A から D に分割して、mDFA 計算し、SI 値を示した

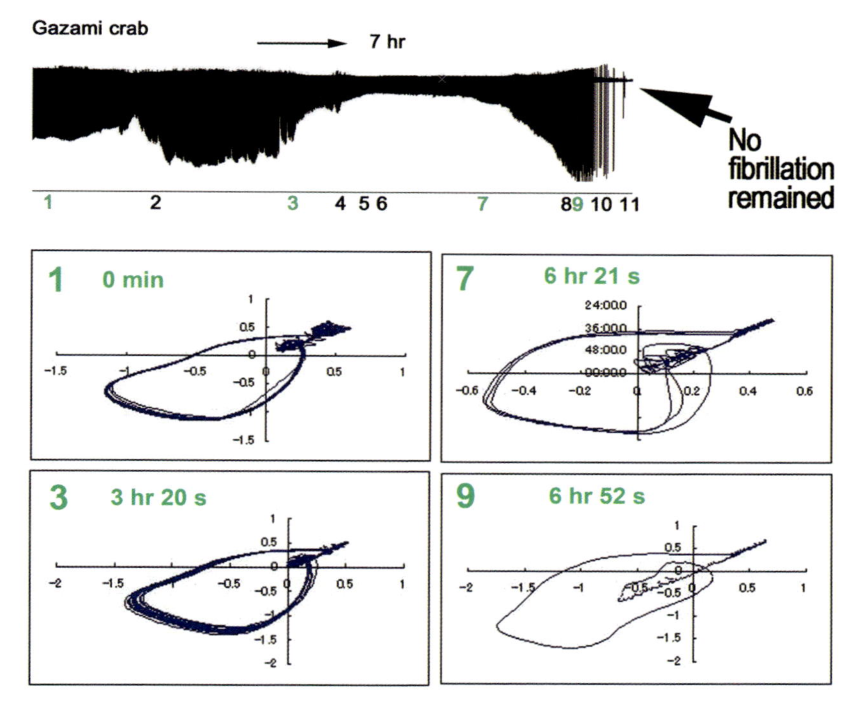

図 3-4　突然死タイプのカニ心臓でポアンカレマップ（5 ミリ秒の遅れ時間で状態空間埋め込み法）

Norm、女性、膵臓がん。2005 年外科的試験で無害と診断されていた。彼女に会い EKG を記録したのは 2012 年 7 月 22 日。この時 SI は 0.57［30; 270］。2014 年初め、ポトマック川沿いの自宅にて 82 歳で死去［73, 74］。例 3．コード名 Lyn、女性、55 歳、EKG 記録は 2005 年 12 月 9 日。SI は 0.73［30; 270］、現在の状態不明）。

まとめ。著者は、心拍の状態空間表示から EKG 軌跡の変化に生理学的な意味があることを見つけ出した。周期軌道から複雑な軌道への変遷（図 3-2）は血清イオンバランスが細胞死により変化していることを示す。末期状態では全身の中のどこかで死亡した細胞の数が増加しているはずである。mDFA の結論として、自然に死亡する過程では SI が低下する（予測できない死亡、突然死ではこうならない)。

動物実験で、著者は、いくつかの標本の心臓が、予想できないほど意表をついて停止したことに気がついた。予期せぬ死亡はまれに起きたが予想できる死亡とは異なっていた(図 3-3)。このとき mDFA の結果から SI が、いつも、1よりかなり高い値を示すことに驚いた(図 3-3)。検討した結果、最終的に予期せぬこの死は、筆者が行った測定の際に固定した電極がカニの心臓に刺さって心筋を損傷したことが原因と判明した。この心筋の傷害が急な心停止(予期せぬ死)を引き起こしていたのだった(このような状況下にあってもカニは2週間耐えたあと「突然」心拍を停止させた)。状態空間埋め込み法による EKG の解析結果は周期軌道が大きく変わっていないことを示していた。この事は、血液のイオンバランスは死ぬ直前まで正常に維持されていたことを示した(図 3-4)。

自然死は SI を低下させ、突然死は SI を増加させるのではないか、と著者は考えた。後にヒトで、虚血性心疾患で心筋に障害(壊死)をこうむったが、治療が奏功して死亡せず生還した患者が高い SI 値、1.4 とか 1.5、を示すことを発見することになる(後述する)。

4　mDFA 実験結果

4-1 甲殻類の心臓

甲殻類の心臓の生物学は人気のあるテーマではない。甲殻類の心臓は基本的にはヒトの心臓と機能的には似ている。図 4-1 と図 4-2 は甲殻類の心臓血管システムの模式図である。

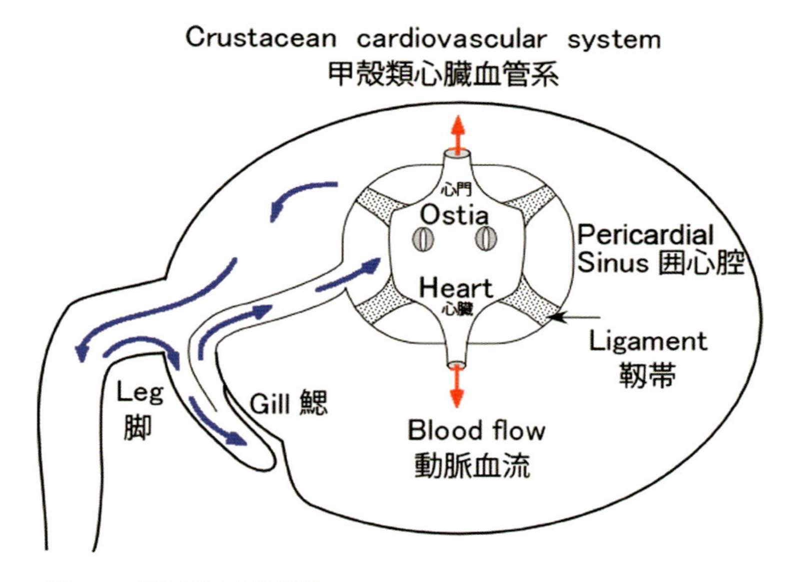

図 4-1　甲殻類の血液循環

心臓は、体の中の洞（空所、血体腔）へ向けて動脈管を通して血液を拍出する。動脈管は最後には毛細血管になる。甲殻類の毛細血管は 1 世紀前にすでに T. H. Huxley（1901）によって記載されている。双眼実体顕微鏡下で、筆者もこの微細血管を観察している。墨汁を動脈管内に流し込むと、脳や神経節を通過した後で体腔に向かって、動脈の末端開口部から墨の液が噴き出す（未発表論文）。そのあと血液は体腔を巡り、脚にも行き、最後に鰓の中に流れてゆく。鰓から出た血液は酸素を含んで、囲心腔へ向かう（図 4-1）。

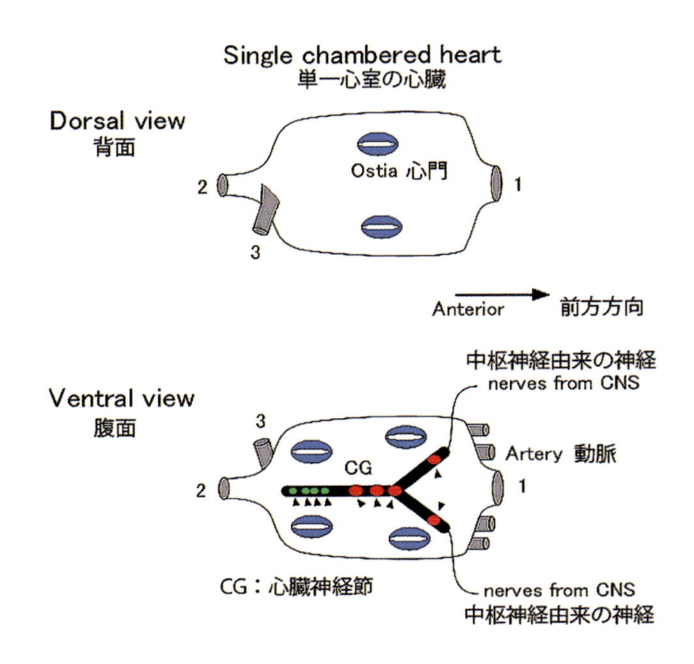

図 4-2　甲殻類の心臓の構造。7 本の動脈、9 個の歩調取り細胞、心門

最終的に酸素を含んだ血液は、2 弁式の弁構造の穴、Ostia 心門と呼ばれる穴から心臓内へ吸い込まれる（図 4-1）。十脚類では 3 対の心門がある（図 4-2）。血液が心臓内へ流れ込むのは心臓が弛緩するときである。心臓が収縮するときは心門が逆流を防止するので、心臓は動脈へ血液を拍出できる。心臓が弛緩する力の源は心臓をささえている索（リガメント Ligament）の弾力性である。リガメントは顕微鏡で見るとゴム糸のようである（図 4-1）。

心臓は、1 セットの歩調取り細胞群（pace making cells）を中にもっていて、これは心臓神経節（Cardiac ganglion, CG）と呼ばれる。CG の中に、4 つの小型歩調取り細胞と 5 つの大型歩調取り細胞がある。この 9 個の細胞が協調してはたらいてリズムを作り出す［19, 20, 21］。この歩調取り細胞は、中枢神経系（CNS）から促進性・抑制性の支配を受けている（図 4-2、図 4-3）。

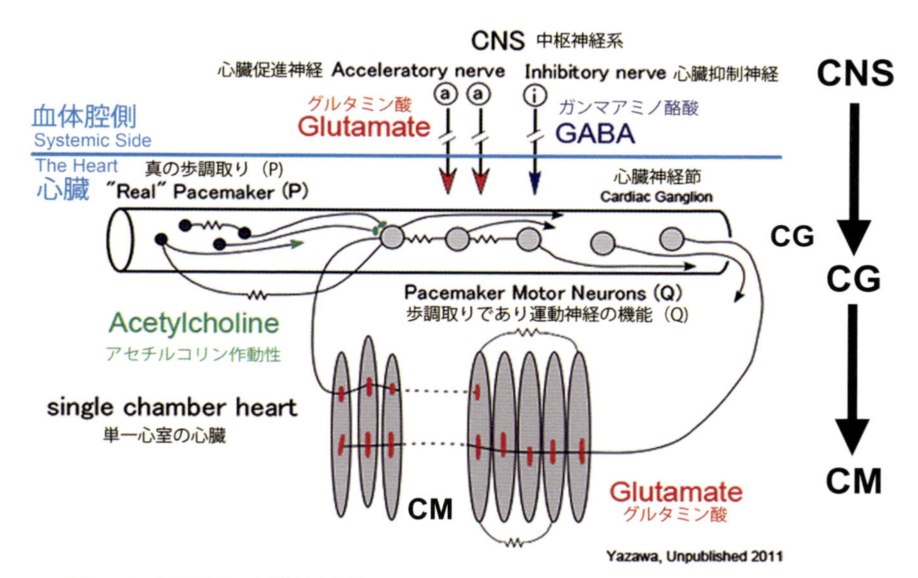

図 4-3 甲殻類の心臓神経系

動物の心臓はどれも動的に調節を受けるポンプと表現できる。調節器は脳（心臓調節中枢）で、これは反射的にフィードバック機構で働く。要するに動物の血液循環系はポンプと調節器によって構成されており、このシステムは甲殻類とヒトとで大変似ているということを指摘したい。筆者が注目するのは単純で、いろいろな生命体のポンプの規則性と不規則性であり、これを分析する手法が mDFA であると言いたいのである。

図 4-3 は甲殻類の心臓神経系の神経配線図である。心臓の外から来る神経および心臓内の神経と、それらが関係する神経伝達物質を示す。さらに神経の機能もまとめてある。促進性（アセチルコリン・ACh、グルタミン酸・Glu）および抑制性（ガンマアミノ酪酸・GABA）である。甲殻類心臓に関する基礎情報に興味がある読者のために、過去数十年間にわたる生理学の主要な研究成果を紹介したい。

甲殻類の心臓調節中枢は胸部神経節内にあり、ここは中枢神経（CNS）の一部分である（甲殻類の脳は最前部から順に脳神経節、胸部神経節、腹部神経節と連結してはいるが番地区分があり、担当支配領域ごとに分かれて業務事分担している。ヒトでも「心臓調節中枢」は脳の最前部ではなく下部脳内にある。ヒトで言えば、いわゆる古い脳の部位に相当する。古い脳は、生命体が高等動物に進化する過程で、地質学的年代で言って太古の昔に備わった脳である。心臓調節中枢は動物がみな共通にもっている脳の部位である。下等なエビカニにもこれに相当する古い脳の相同部位がある。生命体が心臓というポンプを進化させたのはミミズヒル類（環形動物）あたりからで、昆虫、エビカニ（甲殻類）、タコイカ、ホヤ、魚、カメ、カエルと地質学的時代感覚で、ヒトまで続くのである。これらが順に起こったのではなく一斉に発生しそれぞれ関係性を持ったまま平行的に進化したようである。要するに心臓調節中枢の発生の歴史は大変古い。地上において早くに発達した仕組みが、ポンプとその制御装置と言える。現代遺伝学的には、遺伝子の証拠から心臓制御はヒドラまで遡ると、Hiroshi Shimizu 博士（2003 年頃、国立遺伝学研究所）が発見した（後述）。甲殻類では、心臓調節中枢からたった 3 本の神経（図 4-3、a、a そして i の 3 本）が「心臓調節神経」として心臓へ達する（左右対称だから計 6 本である）[20, 21]（しかし、アメリカザリガニは例外で a と i の 2 対 4 本である。Field and Larimer, 1975 年 [24a]）。心臓抑制神経（i）はガンマアミノ酪酸（GABA）を神経伝達物質としている [25]。心臓促進神経（a）の神経伝達物質については、神経化学の、グリオキシル酸蛍光染色技術と薬理学技術により、最初はモノアミンだと考えられた経緯がある [25, 26, 26a]。著者も個人的に、グリオキシル酸処理した神経組織で、誘発された黄緑色蛍光をこの「a 神経」内に見つけた [25]。蛍光組織化学と薬理学の根拠から、ドーパミンが神経伝達物質ではないかと発表した [25]。この推定は誤りだった。当時は免疫組織化学で二重確認することができる時代ではなかった。Ocorr と Belind 1983 年 [26] も Berlind 2001 年 [26a] もこの点で注意深く論文を書き、単に生体アミンを「示唆」するだけにとどめ、物質名を特定するのを賢くも避けた。一方、筆者は軽々にも断定的に論文を書き後悔した。

筆者は「a 神経」の神経伝達物質の候補はドーパミンだと主張していた [25]（実験は 1980 年代に行われ、論文は 1994 年に出た）。当時はグルタミン酸（Glu）免疫組織化学法は商業的に入手不可能であった。後に（1998

年）著者も「a 神経」の神経伝達物質の候補はグルタミン酸だと認めた（異なるが類似する化学物質名、グルタミン酸とグルタミンとを混同しないでください）。これは、最新の技術、免疫組織化学法およびHPLC-ECD法（High Performance Liquid Chromatography with Electro-Chemical Detection）による結果であった［27］。後に、著者（YazawaとShimoda）は、「ドーパミンを含む生体モノアミン」のみならず「アミノ酸のグルタミン酸」もグリオキシル酸処理で黄緑色蛍光を発することを見出した［28］（グルタミン酸もドーパミンのようにグリオキシル酸処理で蛍光を発して当然であったと証明された）。この「a 神経」がグルタミン酸作動性という推定は、後に、甲殻類の等脚類の心臓の研究者により確認された（2003年、2004年）［29］。結論として、一般的に甲殻類では「a 神経」はグルタミン酸作動性である。

事実、何十年も前から、体節構造を有する節足動物では、興奮性（促進性と同じ意味）の体節神経は、普遍的にグルタミン酸を神経伝達物質という信号伝達分子として使用していることが明らかになっている［30］（心臓神経も体節神経である）。Takeuchi, A.とTakeuchi, N.［30］のランドマーク的な論文は記載に値する。地上に生息する生命体が広く基本原則を共有していることを大変興味深く思う。実際問題、最近の研究で、昆虫の心臓制御神経でも、神経伝達物質はまたもやグルタミン酸である［31］。

心室が一つの甲殻類の心臓も、歩調取り細胞（すなわちCG、という構造）を心臓内に保有していてポンプになっている（図4-3）。この図で、CGの内部には、心拍リズム発生器の中心装置として、アセチルコリン作動性の仕組みがある（図のなかのP細胞、薬理学的にアセチルコリン作動性［23］、さらに、HPLC-ECDでもアセチルコリン作動性［著者未発表論文］）。一方、グルタミン酸は心拍リズム発生器の2次的歩調取り細胞の神経伝達物質である（図の中のQ細胞、Glu）。この2次的歩調取り細胞は心筋細胞を直接制御する運動神経でもある。これが強力な心筋の収縮を指令している（図のなかのCM）［23］。

甲殻類心臓の研究はこうして、一般心臓生理学の基礎の面を明らかにした。甲殻類心臓に関する豊富な証拠は、以下の総説に詳しい。甲殻類心臓の生理学、特にCGは、1970年代から2000年代にかけてハワイ大学のI. M.

Cooke のグループによって大規模に研究された［32］（メンバーの中に日本人の田崎博士（故人、奈良教育大学）がおり、Cooke の総説の中で図として掲載された沢山のデータは彼のカニ心臓の研究成果であり、目立っている）。心臓の構造と機能面で “Struktur und Funktion der Herzen wirbelloser Tiere.”［33］、進化学面で “Evolution of the Cardiovascular System in Crustacean,”［34］が出版されている。古くても重要な論文が J. S. Alexsandrowicz［20］と D. M. Maynard［21］の論文である。いままでの 100 年間の生理学の歴史において、無脊椎動物の心臓は、ヒトの心臓のモデルとなってきたのである。

結論：甲殻類の心臓はヒトの心臓とお互いに似ていないように見えるが、甲殻類心臓システムは、機能的にポンプと調節器で両者はよく似ているのである。

4-2　甲殻類の心電図

生きているモデル動物の心臓で mDFA を試してみるためには、自由行動中のモデル動物の心臓から EKG を記録する必要があった。動き回るエビの心電図を記録した研究「モバイル・ロブスター・EKG 記録」の先駆的仕事［35］があった。教えを乞うため、筑波大学の下田臨界実験研究所を 1999 年に訪問し我々の mDFA 研究は始まった。

自由行動状態の EKG 記録には、金属ねじ「ボルト」を EKG 電極として使う（ボルトは埋め込み直前にアルコールで滅菌する）。伊勢エビの背面の殻に穴を開けねじ込み、エポキシ糊で固定する。電極は 2 本、そっと心臓表面に接する（図 4-4、図 4-5）。ボルトは抜けずに、脱皮するまで連続して EKG を記録した。脱皮まで 1、2 年かかるものもあり、長い時間にわたる伊勢エビの連続 EKG 記録を得ることができた。これは、伊勢エビが自由にタンク内で生きるという観点で、ボルトが無害である証拠である。天然海水をろ過して循環し、餌として貝（アサリ）を与えた。この手法の重要な点は、これが伊勢エビのストレス反応を見つけるきっかけになったことである。

4-3 心拍のフラクタル特性

ヒト心拍にはフラクタル特性があることが知られている［36］。

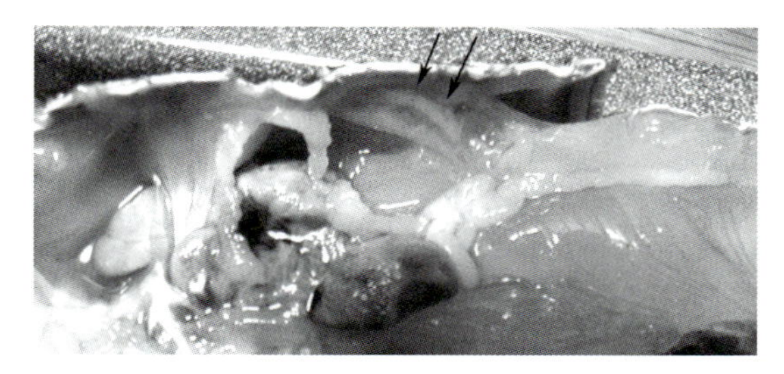

図 4-4　伊勢エビ（*Panulirus japonicus*）心臓のある部位の矢状断面。胸部背面の殻部位。左がエビの前方方向。右下の部位が食する筋肉。2つの矢印は半分に切断された心臓と金属ねじのEKG電極の設置の様子を示す

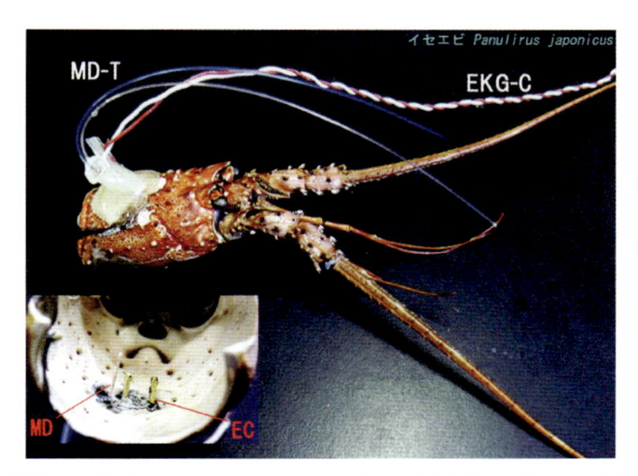

図 4-5　伊勢エビ（*Panulirus japonicus*）の脱皮抜け殻で、実際の電極埋設例。写真には2本のEKG電極とともに微小透析プローブが見える

Goldbergerは1996年の論文で、ヒト心拍時系列を使い、そこには自己相似構造があると図解している［36］。無脊椎動物、ヤシガニ心拍記録を見ると、フラクタル図形・自己相似図形が直感的に見て取れるという事に著者も気づいた（図4-6）。

Goldbergerの主張は、時間が経過する中で得た連続するデータをいろいろな時間の長さで切り取って比べてみると、時々刻々と変化してゆく「ゆら

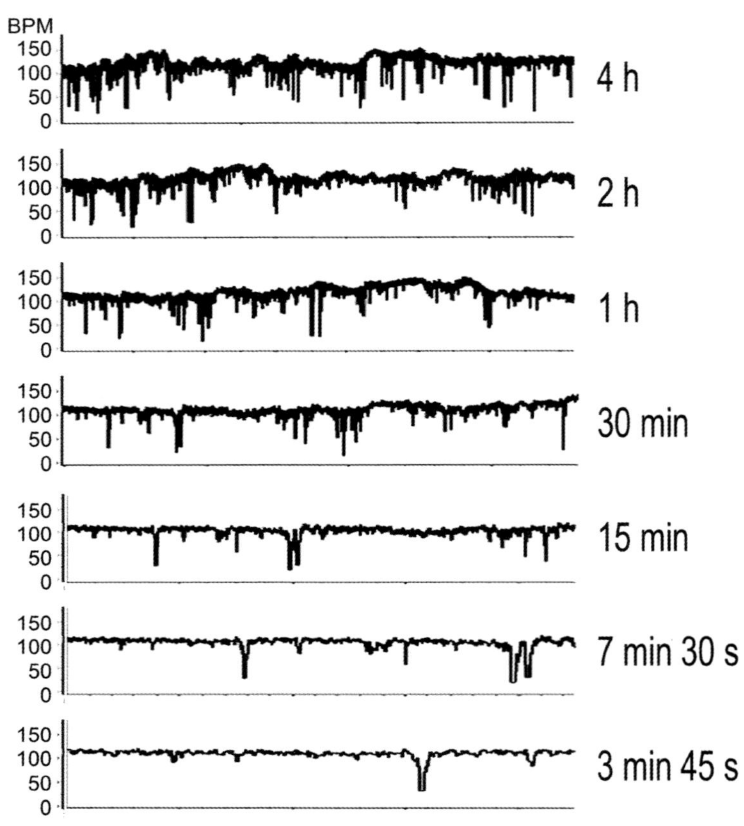

図 4-6 心拍データのフラクタル様構造。ヤシガニ（図 3-1 図 3-2 と同じ標本）の死亡するときではなく健康な状態での EKG 記録。カニが健康であることを示す 1 点。ときどき心拍数が低下する現象に注意して欲しい。言い換えれば、心臓抑制神経が活発である。縦軸は毎分の拍動数、横軸となる記録時間は右側に示した（心臓抑制神経が活発とは、ヒトで言えば副交感神経が働いていることを意味する。ヒトでは、ストレスが高いと副交感神経の活性が低下し、交感神経優位になるとされている。カニでも同じであるが、このような神経活動を直接に電気生理学的に記録したものは著者以前に 2 人（アメリカの Larimer が学生と実験したもの、およびジャマイカの Young が北欧に留学していたときの論文）である。抑制をヒトとの関連で副交感神経の重要性としてはっきり言う点で著者がおそらく初めての証拠ホルダーである）

ぎの様子」は、統計的に自己相似図形になっているというのである（背後にフラクタルを発生させる未知の仕組みがあるからである。それがどういうメカニズムなのか、どういう条件で時系列を作ればフラクタルになるのか、たいへん興味深い。健康の維持がフラクタル性に直結するからだ。物理学者はまだ十分には明らかにしていない。現実社会のなかにあるデータを研究することも重要であろう。数理モデル実験との協力は不可欠であろう。著者はGoldbergerの主張が無脊椎動物心臓に当てはまることを確認した（図4-6）。心臓を抑制する神経活動が、心拍時系列に見られる自己相似・フラクタル性を作り出している鍵となっている機能だということを、筆者の甲殻類EKG研究が示したのである［37］（自分で自分に時々ブレーキをかける作用を必要に応じでいつでも発動できる仕組みを自分の中に確保できていることが、日々健康に過ごすために重要ということである。つまり脳内の抑制回路の機能が健康にとって重要であることが示唆されるのである）。

この甲殻類EKGから、例えばストレス状態で心臓への過剰な興奮命令が出ていると、正常な状態ならいつでも見えているフラクタル性が破壊されて見えなくなることを、著者は発見した（後述する）。

4-4 急性ストレスは測れる：動物モデル

「ストレス」という言葉は、特に神経科学分野では、きちんと定義できていない。しかし丁度良い語が無いのでここでも「ストレス」を使う。

急性ストレスは、不安で居心地の悪い、または、慣れていない、物理的および心理的「刺激」に対する生命体の生理的「反応」である。刺激は交感神経系の活性化を惹起し、その結果として生物に変化を引き起こす。例えば油断のない高揚した状態とか、心拍数が高まった状態などが例に挙げられる。著者は急性ストレスをこのように定義できる。しかし著者はこれを効果的に定量できない。現に、生命体が刺激に反応してストレスを現しているかどうか断定する事は、著者にはほとんど困難である。一般的にモデル動物のみならずヒトでもストレスは測りがたい。

著者は、連続EKGの記録中に（図4-7）、甲殻類がストレスを表示（Display）することを発見した。リラックスした状態、例えば甲殻類の周囲にヒトが居

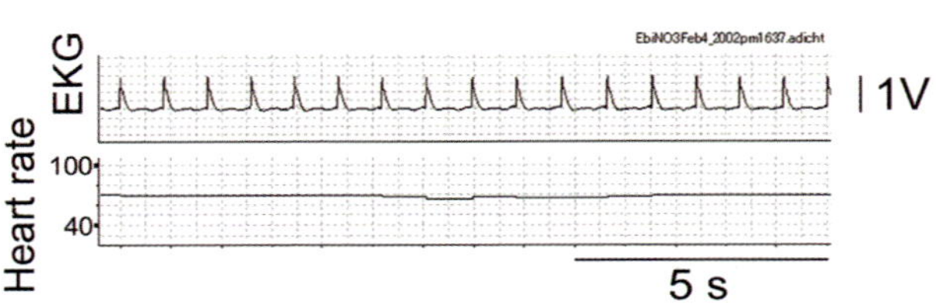

図 4-7 モデル動物の心電図（EKG）。伊勢エビ（*Panulirus japonicus*、15 cm～25 cmサイズ、図 4-5 も参照）。A：脱皮の殻、電極とリード線が付いている。B：心電図 EKG、平均心拍数は約 70。（心拍数は数字で、単位はない、「心拍数 70」のように言う。医学・生物学では常に「毎分あたりの数」であらわす）

ない状態だと、心臓は常に周期的な心拍停止をくりかえすことに EKG を見ていて気付いた（図 4-8）。この間欠的「心停止」はヒトの「心停止」と違い病気ではない。事実、ウィルキンスとマックマホンはカニ心臓で 1970 年代にすでにこの「間欠性」を報告している［54］。著者は、図 4-9 に図示したように、ヒトが伊勢エビの飼育水槽（水槽は黒い幕で覆われエビはヒトが見えない）に近づいただけで間欠性を停止することを発見した。間欠性の中断は、伊勢エビが「わたしはストレスを感じています」［75］、あるいは「わたしは恐怖を感じています」と伝えていると著者は考えたのである。そこで mDFA を使ってリラックス状態とストレス状態とを、間欠性があるときがリラックス状態で間欠性が中断したときとがストレス状態として、両者の SI を比較した。

甲殻類では、心臓のポンプ運動の速さは、中枢神経のニューロン（神経細胞、すなわち自律神経系、ANS, Autonomic Nervous System のこと）の支

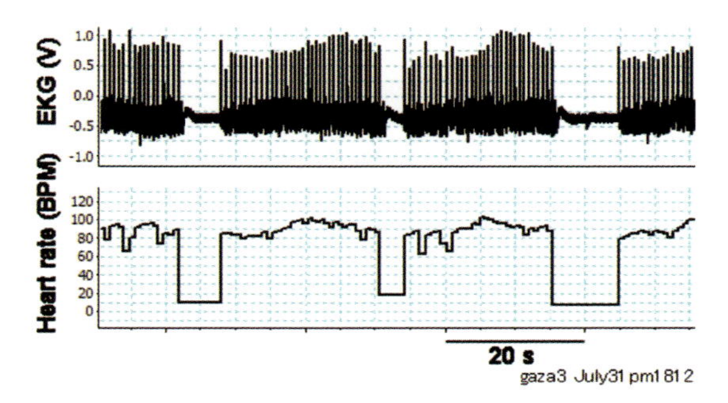

図 4-8 小笠原父島のガザミ（*Protunus sp.*）の心電図 EKG。周期的な心停止を確認（エビカニなどの甲殻類が健康で自然な状態では周期的に心停止することを初めて言ったのは著者である。だがカニの心停止を初めて記録し発表したのはカナダ、カルガリー大学の Wilkens と McMahon（1970 年代）である。このやや奇妙な現象を「健康」と結びつける意識は、当時の甲殻類生理学のテーマにはなっていなかった。筆者も 1970 年代に「停止する現象」に気づいたが健康やストレスと関連付ける事はこの本の出版の数年前までなかった）

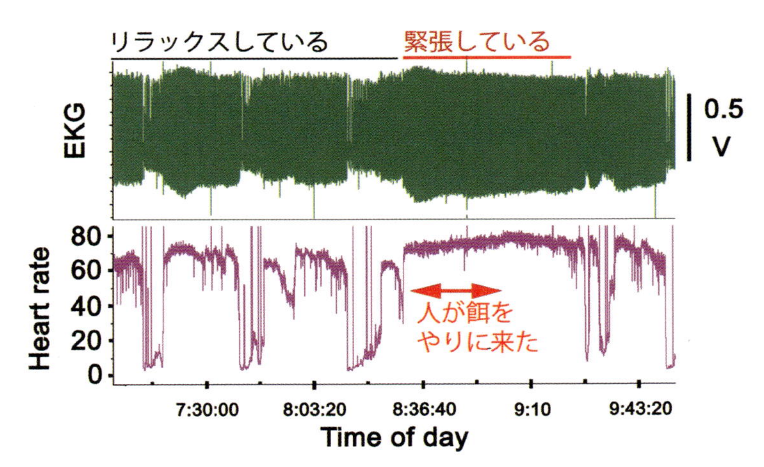

図 4-9 水槽の中でリラックスしていた伊勢エビが、ヒトの接近で「驚いている」。矢印（ ⟷ ）の区間。[水槽のある誰も居ない部屋に餌のアサリをやるために入っただけで、エビはヒトを察知して心停止現象を止めた。鳴いているセミやコオロギを捕まえようと接近すると、ヒトに気づいて（と考えられる）鳴くのを止めるのと同じである]

配下にある。心臓神経がポンプの速さ・強さを変化させている。心臓に達した心臓神経は、促進性神経繊維が 2 本と抑制性神経繊維が 1 本である。したがってポンプの機能は、自律神経 ANS および心臓神経節 CG の両方の影響を受け変更・修正が行われる。甲殻類では、実際に生きた状態でこの変更・修正が行われる様子について、電気生理学的な方法により神経活動の記録との対比・相関を観察すること（図 4-10）によってすでに調べらている［23, 24a, 38］（上述の 4-1 節から 4-3 節を参照）。

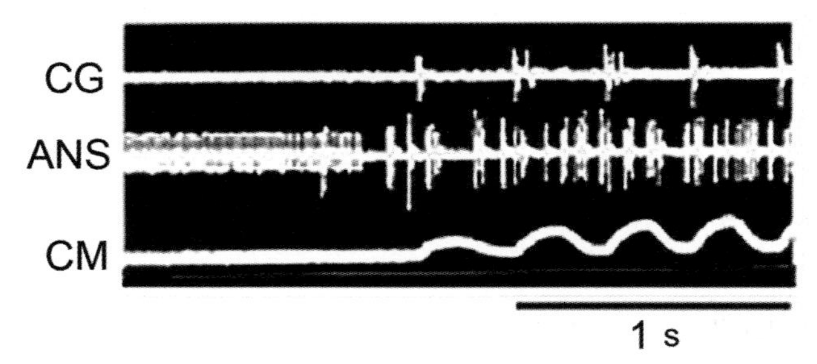

図 4-10 オニヤドカリ（*Aniculus aniculus*）の心臓から電気信号を同時記録。上から、歩調取りの信号（CG）（縦の線の振れが心拍で心拍は 5 拍見えている）、心臓調節神経信号（ANS）、心筋の信号（CM）。（Yazawa & Kuwasawa 1992 を改変）

上述したように、ヒトが接近すると周期的な心拍停止が中断した。ヒトの接近により心拍が中断しない連続拍動へと転換した。この転換の時点で促進効果が抑制効果を上回った（促進と抑制のバランスが崩れたと言える。ヒトで良く言われる交感神経優位の状態に相当する。これがつまりストレス状態であることが、この神経活動のリアルタイム記録が証明している。実験手続き上、ヒトでは証明できない。モデル動物だから可能である）。図 4-9 で明らかなように、ヒトが付近に居る限り、心拍数が上昇し続けている（図 4-9）（ヒトがいなくなった途端に心拍数は下降し始め、やがて周期性心停止が回復してくることが図からわかる）。この心臓の反応は、心臓調節神経の発火活動頻度の変化すなわち促進性神経活動の増加および抑制性神経活動の同時的減少の結果として現れるのである（図 4-10［23］。この自律神経の反射は動物に備わっているステレオタイプな仕組みである。EKG に出るこのストレス反応は刺激が無くなってからのち、１日間もの長きにわたって続いた（図 4-11）。筆者はこれは動物がストレスや恐怖を実演し証明していると考えた。

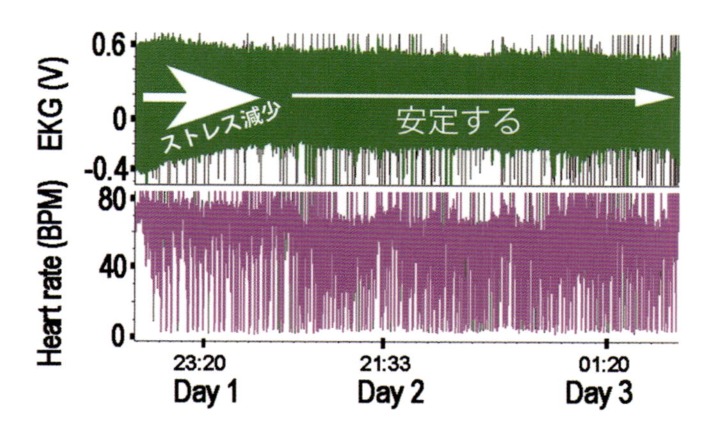

図 4-11 伊勢エビの３日間の心電図および心拍数。この記録の直前に微小透析法・血液サンプリング実験を実施している。このストレスが徐々に減少してゆく（ストレスが消えて「安定する」のは Day2 から。この推移は、EKG の振れ幅の漸減や、心停止頻度の推移に見てとれる。心停止が発生する頻度は徐々に増加して Day2 で安定した。平均心拍数も Day1 の間は高く、70 位であり、Day2 になると 60 位に低下し安定した）

そこで著者はこのストレス反応に注目し、ストレス状態とリラックス状態とを、mDFA で比較研究した。図 4-12（A1）と図 4-12（B1）はそれぞれリラックス状態とストレス状態の心拍の見本である。心拍間隔をはかり、２つの状態の心拍間隔時系列を作製した。図 4-12（A2）と図 4-12（B2）はその時系列の一部分、578 拍を示したものである。測定した EKG の長さは、それぞれ図 4-12（A1）と図 4-12（B1）の EKG に棒線で AA と BB と示した部分である。この時系列において mDFA を実施した。その結果、リラックス状態の伊勢エビはいつでも正常 SI（１に近い）を示した。一方、ストレス状態の伊勢海老は低い SI 値、0.6-0.7 を示した［図 4-12（A3）および図 4-12（B3）］。図 4-13 は、いろいろな状態の EKG を使って SI を求めた

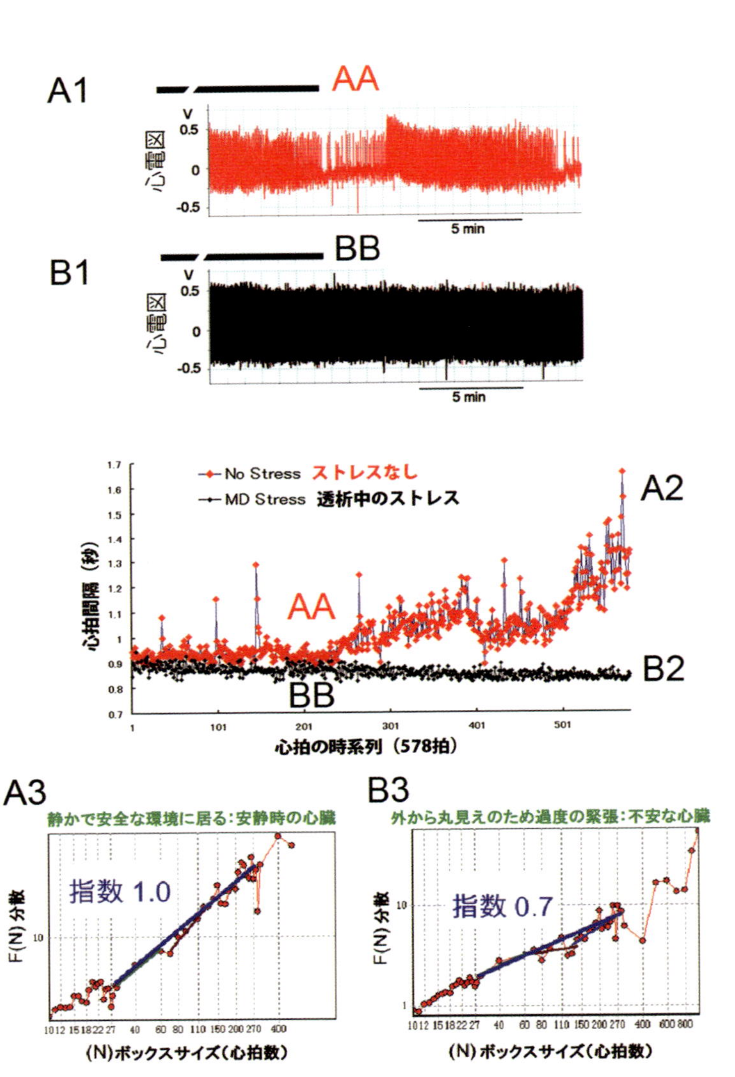

図 4-12　伊勢エビの心電図および mDFA：A1 と B1、20 分間の EKG を表示。A1：エビは海水タンク内の隠れ場所で安静 ― 心拍にはオンオフの心停止パターンが出ている。B1：エビは微小透析作業で著しいストレスを受けている。A2 と B2、A1 と B1 それぞれから求めた心拍間隔時系列。A2：リラックス中のエビ、B2：ストレスのあるエビ。A2、B2 は A1、B1 に示した棒線 AA、BB に対応する。578 拍が表示されている。A3 と B3 は mDFA 計算の様子。A1、B1 と同じエビ。

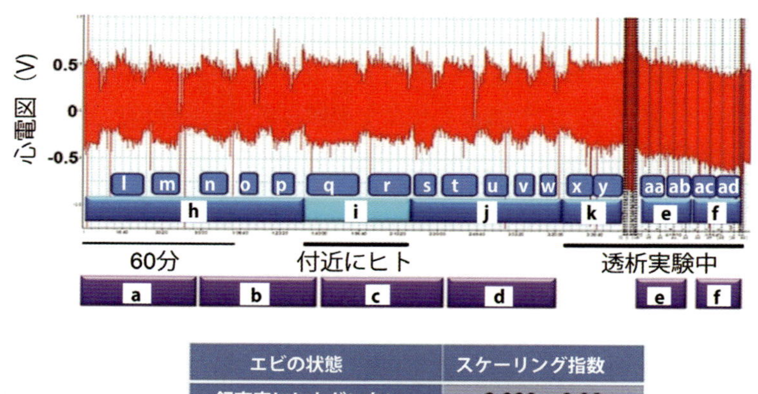

エビの状態	スケーリング指数
飼育室にヒトがいない	0.999 ± 0.38
飼育室にヒトがいる	0.551 ± 0.22

図 4-13　いろいろな部分の EKG を使用して計算したスケーリング指数・SI 値

まとめである。

このモデル実験で明らかになった恐怖やパニック症状には以下の特徴があった。（1）心拍数増加（図 4-9)、（2）覚醒と驚く反応（心拍のオン・オフ繰り返しの中断のこと)、（3）ストレスホルモンが血中に実際に放出される［55, 72（Yazawa 2008、昆虫ミメティック・シリーズ]。

ストレス行動の仕組みにホルモンの関与はあり得る。ストレスや恐怖が誘発した神経ホルモンを伊勢エビの血中から検出した（図 4-14）[55, 72]。生体アミン類のドーパミンとアドレナリンが検出され、ノルアドレナリンやセロトニンやグルタミン酸、そしてアセチルコリンはストレス反応で検出限界以下だった［55, 72]。ドーパミンが最も多く検出されたホルモンであった［図 4-14（C)]。伊勢エビを 15 分間棒でつついて苛立たせると、ドーパミンの血中濃度の急な上昇が見られた。すぐ、急な下降に変わり 15 分間刺激していたのに 5 分で戻った［図 4-14（C)]。ドーパミンのピーク濃度は 10 μl 当たり 100 pg だった（5 分ごとに一定分量を集め計測している)。安静時には0から5 pg程度であった。これはMicrodialysis-HPLC法（マイクロダイアリシス（微小透析）とHigh Performance Liquid Chromatography）という手法で実施した［図4-14（A-C）］［55, 72］。

この章を要約すると、恐怖で心拍数が上昇しホルモンが放出されたことは伊勢エビがストレスの感情を表現した証拠であり、このストレスをmDFAは定量できた。2つの状態、リラックス状態とストレス状態を、mDFAは首尾よく識別した。使用するボックスサイズ範囲は［30; 270］で、すでに上述したものと同じで、筆者はmDFAはヒトでも役立つと考えた。

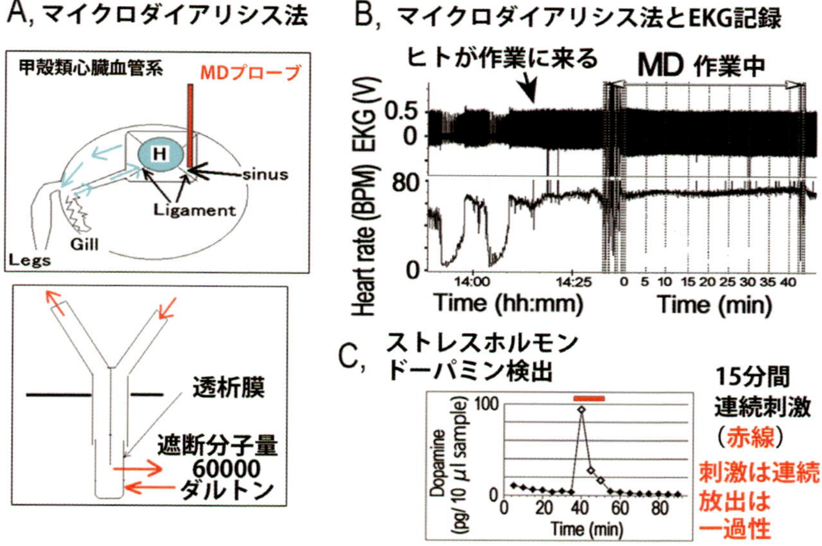

図 4-14 ストレスホルモンのマイクロダイアリシス法による検出実験［55, 72］（図 A：MD プローブを伊勢エビの血体腔に埋め込む。血液中のホルモンがプローブの半透膜からリンゲル液内に染み出す。このサンプルを 5 分間ごとに集め、HPLC 分析する。図 B：ヒトが実験室に来る前は、エビは安静で心停止モードにあるが、ヒトが作業に来た途端に警戒・不安モードに変わる。図 C：ヒトが来る前からサンプリングは持続しておき、突然に入室してエビを 15 分間刺激した実験。この実験結果から、ストレスホルモンとして最も顕著に得られたホルモンはカテコールアミンで、特にドーパミンであった。注目すべき点は、刺激中継続してホルモンが出続けると著者は考えていたが、予想に反して、一瞬一過性にホルモンが出て、おそらく体内の化学反応のスイッチを入れ、生体反応の連鎖が起こるのであろうという結論が得られたことである。繰り返しストレスがあると、このような変化により慢性化して体内の反応にかかわる仕組みの連携の仕方が変わるのであろう。ここで見ている反応は急性ストレス反応で、慢性的変化ではない。慢性化、精神的変化など、大変興味深いものがある。mDFA が見ているものは、急性反応ということになる）

5　mDFA　ヒトでの経験結果

5-1 仕事のストレス（Ms. O, 26 歳）

継続調査研究にボランティアが何年も役立っている。著者自身、家族、大学の同僚などがそれに含まれる。図 5-1 はその一例で、大学の知的財産事務所に勤め、進んで継続研究を提起した Ms. O（2006 年当時 26 歳）の結果である。このような協力のおかげでこの研究は成り立ったのである。

はじめは心身ともに健康なスケーリング指数 SI、1.1077 だった（図 5-1、とある 9 月の午後 3 時ころ）。

2008 年に彼女は家族の一員を亡くした。生まれ育った故郷は東京から遠く、家族の世話をしに故郷によく通った。彼女は事の顛末を 2011 年に著者に伝えた。著者は 2009 年まで詳細を知らずに心拍データを、毎年、定期的に 9 月の午後に取った。ただし 2006 年に SI が 1 だったので、正常と決めつけ、mDFA をしなかった。

2009 年の 9 月、通常通り午後 3 時に記録した。その時、今の仕事に問題があり、もっと腕のいい特許マネージャーになりたいと言ったと筆者の記録にある。だがそんな話は筆者は全く忘れていた。ところが 2009 年の暮れ、驚くことになる。今の仕事を辞め 2010 年春から転職すると急に連絡があったからである。

彼女の話を聞いて驚いて全データで mDFA を実施したところ図 5-1 のようになっていた。驚いた。SI が下降し、転職で回復していた（図 5-1）。筆者にその理由が説明できた。ストレスの多い職場環境で SI が徐々に低下したと。2006 年に修士課程を修了し勤務、2007 年たぶん仕事でストレスを感じていた、だが決して不満を表さなかった。2008 年大切な家族を失う。2009 年転職しようと決意。2010 年、新職場でうまくやっていると筆者に打ち明けた。完璧に健康だった人がどのように、そして、なぜ徐々にストレスを受けたのか、この事例は示している。

この話は、全身の機能、健康であること、病気、そして心理状態のチェックに mDFA が役立つ事を示唆している。もちろん mDFA の能力を宣言する

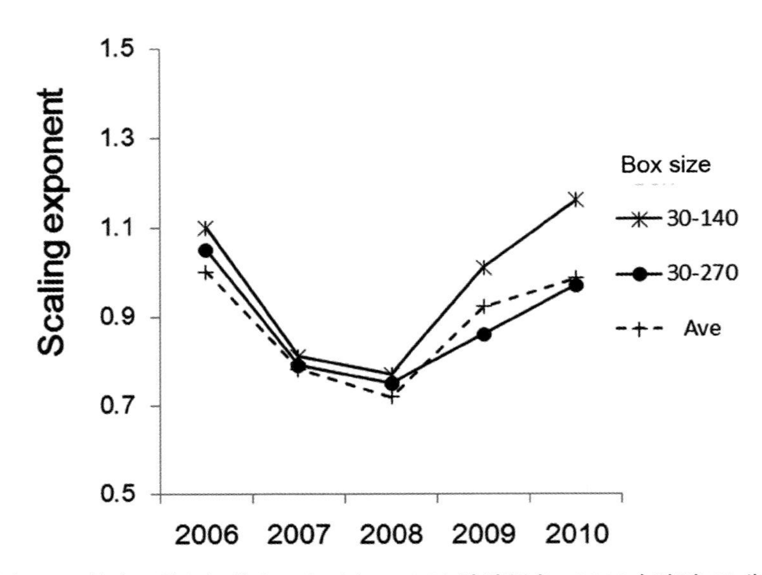

図 5-1　健康に見えたボランティアの mDFA 追跡調査。2006 年当時 26 歳の女性。B プログラム使用（図 2-9 参照）。（ボランティアとしての最初の記録で、SI が 1.0 付近。正常と判断、その後放置。9 月の午後 3 時ころ展示会会場にて毎年データを取得。2008 年の暮れ、急に転職すると告げられ、SI を計算すると低下していた。他大学へ転職後 SI が改善し、この結果に、著者は mDFA の性能に驚いた貴重な事例である。主原因はパワハラほどではないが労働環境への不満とインタビューで明らかに）

前にもっとほかの人も一人ひとり調べるべきである。しかしこれまでにこのような追跡研究は無かった。生物医学計算は成長分野の科学である。

5-2 睡眠不足（Ms. G, 50 歳代）

このボランティアは東京都心に豊かにくらしている様子。自ら高齢の母親の看護をしているという。9 月 29 日の前夜、母親は全く眠ってくれなかった。介護者も眠れず SI が 0.8 と低かった（図 5-2；EKG 取得は 9 月 29 日午後 3 時）。翌日、翌々日、午後 3 時、母親がよく眠ってくれたので自分もよく眠れたと言い、このボランティアは、筆者のところに EKG 提供に進んで来てくれた。

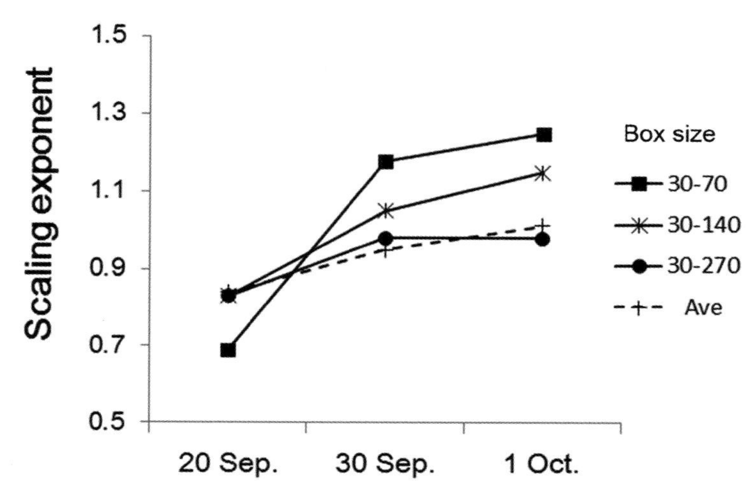

図 5-2 睡眠不足の影響（高齢の母親を介護。母親が睡眠をしないため介護者も睡眠不足。翌日と翌々日は睡眠がとれて SI が回復。展示会場内のブースにて午後３時ころ椅子に座位談笑で指先脈波を記録）

結論：健康そうに見える女性でも、睡眠不足は SI を低下させる（アドインプルーフ。2015 年 11 月 27 日に Ms. G, さんの家族より電話連絡が来た。Ms. G, さんはこの mDFA 結果が（初日）よくなかった事を理由に、都内の大学病院に行き、子宮がんと診断され、直ちに摘出手術を受けた。あれから 4 年後元気にしているとの連絡であった。母親はリハビリを受け歩くまでに回復したそうである。Ms. G, に関して著者が得た「心拍記録時」の観察情報は、「睡眠」についてのみであったが、興味深い事例となった。41-43 ページのがんの記述参照)。

5-3 パーティにて（40 歳代 50 歳代）

ボランティア（料理グループ）が EKG 取得をしたらどうかと、ワイン試飲ホーム・パーティに招いてくれた（表 5-1）。40 分間ほど EKG を記録し、すぐに SI を計算して報告した。９人のボランティア中、２人は良好な健康状態を示した（表 5-1 の番号８と９）。８番の人ははっきりした直線の回帰

表 5-1　主婦たちが集まったワインパーティ

1	2	3	4	5	6	7	8
Subject number	Code name	Age	Sex	Scaling exponent α [30; 270]	Arrythmic beat during recording	Medication for arrhythmia	Job work or house-wife
1	Kai	46	F	0.85	PVC × 2	*None*	Part-time; two days a week
2	Oot	48	F	0.87	PVC 24 h × 400	Medication	Part-time; two days a week
3	Oka	48	F	0.91	PVC × 1	*None*	Part-time; two days a week
4	Kna	52	F	0.93	*None*	*None*	House-wife
5	Ike	61	M	0.95	*None*	*None*	Wine sale
6	Tob	47	F	0.96	*None*	*None*	House-wife
7	Sas	52	F	0.99	*None*	*None*	House-wife
8	Tak	46	F	1.03	*None*	*None*	House-wife
9	Sat	41	F	1.11	PVC 40 min × 5	*None*	House-wife

PVC: premature ventricular contraction, see the Section 5.10.

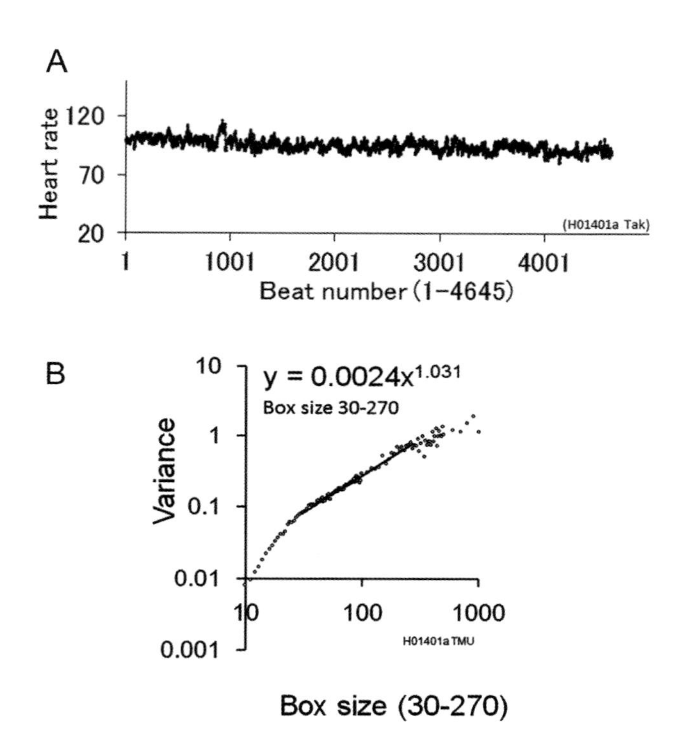

図 5-3　完璧な健康の例。Ms. Tak、40 歳代、。A：時系列、
B：mDFA［30; 270］

線で SI が 1.03 で完璧な健康だった［図 5-3（B)］。これまでに 400 名以上の計測をしたが 10％程度しか健康な SI である 1 を示していない。このグループは典型的な組成である。

筆者は常に被験者の行動を注意深く観察する。8 番は典型的行動パターンを示し、「健康な指数を出す行動」だった ― すなわち、よく笑い、話し、おそらく経済的にも余裕がある。事実 8 番（SI=1.03）は笑い、EKG を楽しみ、30–40 分間の EKG 中おしゃべりを止めなかった。一方、幾人かの被験者はパートタイムで働く必要があると言い、また幾人かは、子供の教育で心配があると語った（表 5-1）。

結論：幸福な暮らしが、健康な指数を根本的に保証するようだ。不安、心

図 5-4 インドネシアの大学での EKG 記録風景。

配、ストレスはスケーリング指数を低下させる。mDFA は心理的身体的内部状態を反映するようだし、心臓を通して内部を見ているようだ。結局心臓は心の窓である。

5-4 大学教員の仕事ストレス

2011 年に筆者は日本とインドネシアとの共同研究の契約を交わした (Tokyo Metropolitan University, Tokyo Women's Medical University, and Universitas Advent Indonesia, Bandung)。2011 年に筆者がインドネシアの大学を訪問した際に大学の教員が EKG と mDFA 計測を申し出てくれた（図 5-4）。全員がよくしてくれた。みな健康そうで意味のある結果を想像しな

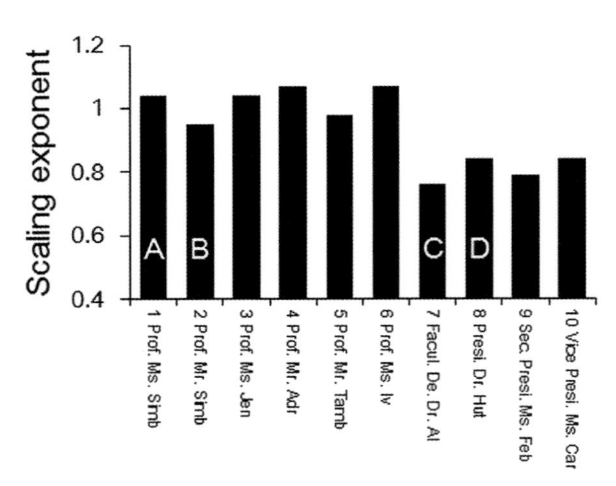

図 5-5 インドネシアの大学での mDFA 結果

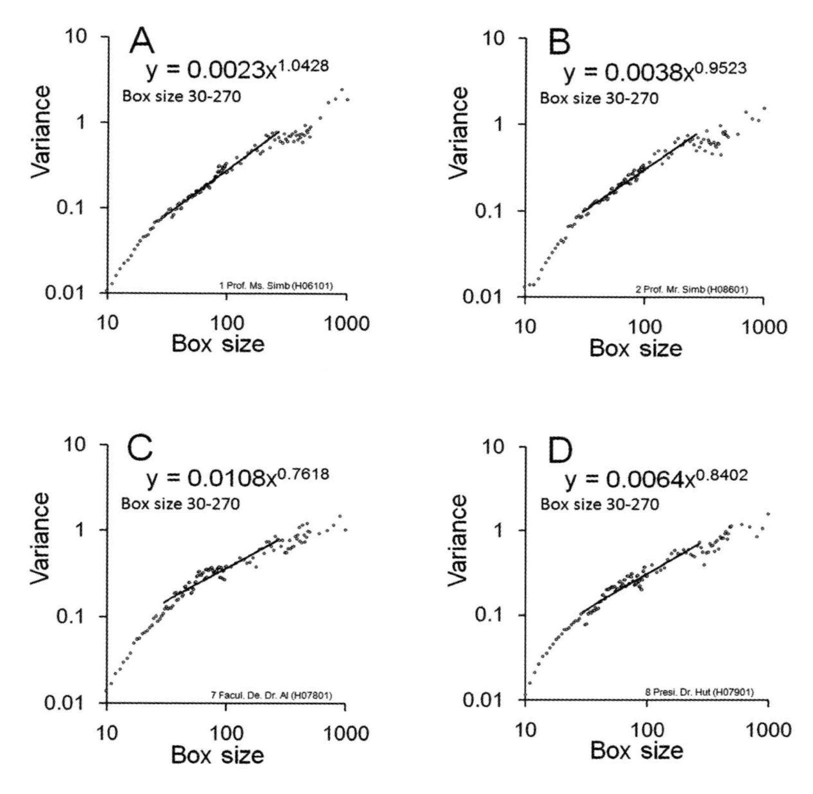

図 5-6　図 5-5 に対応する mDFA のグラフ

かった。だが結果は興味深かった（図 5-5）。SI 値が二つのグループに分かれた。一つは 1 に近いプロフェッサーたちで他は SI の低い人たちだ（図 5-5 参照。図 5-6 の A と B は最初のグループ、C と D は第 2 のグループ）。

驚いたことに最初のグループの 1 番から 6 番の人はただのプロフェッサーで教育の義務だけを負っていた。一方第 2 のグループは管理上の仕事にも関係していた。7 番は学部長、8 番は学長、9 番は学長補佐の教員、10 番は副学長。この区別を断定するにはもっと大きなサンプルが必要だが興味のある結果である。

結論：大学トップの管理業務者は仕事のストレスが有ることが強く示唆される。これは見ただけでは分からなかった。みな親切でよい人々だった。

この問題は、例えば不安神経症 Anxiety のような深刻な病理ではないが、mDFA の実力を示す興味深い結果と言える。

5-5　エルゴメーター運動

4 名のボランティアに同時に、30 分間の安静での対話、30 分間のエルゴメーター運動をお願いし EKG を取った（表 5-2、図 5-7）。

強い持続運動は SI を突然死タイプの指数まで押し上げた（カニの突然死の記述参照）。もちろん大群でテストが要るが、この考え方は興味深い。現在 75 名のトップ・アスリート（メダリスト）と 32 名の非アスリートのデータを分析中である（ここにデータは示してない。A. M. Hutapea 教授、バンドン、インドネシアとの共同プロジェクト）。

まとめ：mDFA を使い多数の候補者の中から良い選手を選抜することが可能だと夢見ている。以下の国際会議報告書を参照して欲しい：WCECS 2011, "Quantification of Athlete's Heartbeats Engaged in Ergometer Exercise: A Detrended Fluctuation Analysis Study Checking the Heart Condition" by T. Yazawa et al.

5-6　植込み型除細動器（以下 ICD）1（Mr. Tm,　60 歳代）

2007 年 9 月、心臓の状態と心臓調節システムの反応性をチェックする新技術を紹介していた展示ブースに、一人の男が訪ねてきた。mDFA 計算法を完成した筆者にとってこの出会いは、真の病理ボランティアとの最初の出会いだった。座るやいなや、彼は言った。「心臓をチェックできるらしいじゃねえか？ 俺の心臓を調べて、どうなってるか言ってみなよ」。彼は心臓がどう悪いのかヒントはくれなかった。逃げるわけにはいかなかった。40 分後、EKG 記録が終わった。筆者は「どうぞ 2 時間後に戻ってください、計算が終わっていますから」と伝えた。

結果が図 5-8 である。彼の心拍間隔時系列からは重大な問題は見えなかった［図 5-8(B)］。彼は戻って来るなり「どうだった？」と聞いてきた。筆者「わたしはザリガニの神経生物学者で医者ではありません。しかし私が発見したことを話ます」と答えた。彼は「おお言ってみろ」と応じた。筆者は「大変

表 5-2 インドネシア国バントン市のオリンピックトレーニングセンターのアスリート

1	2	3	4	5	6	7
Subject number	Code name	Age	Sex	Sports category	Ergometer strength (KW)	Ergometer speed (rpm)
A 1	Nr	28	F	Long distance swimming	50	96
B 2	Ek	29	M	Basketball	75	96
C 3	Mr	49	M	Not specific	50	96
D 4	By	27	M	Futsal	50	96

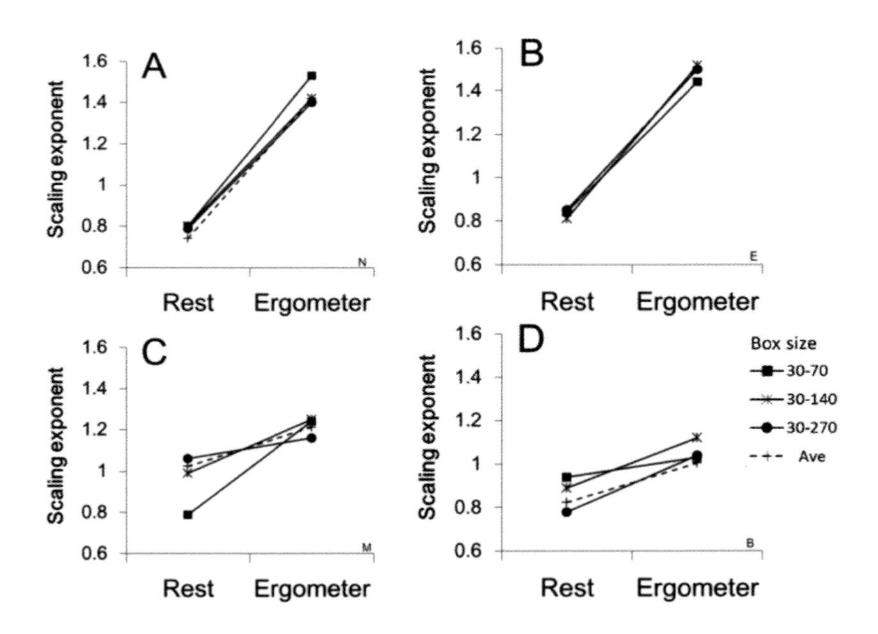

図 5-7 エルゴメーター運動前と運動中に測定した mDFA の SI

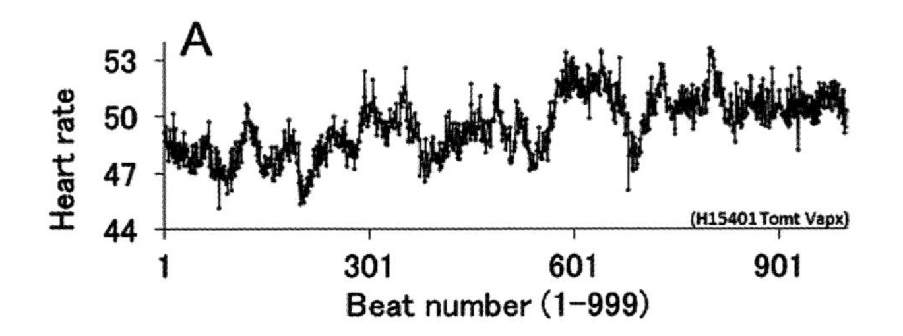

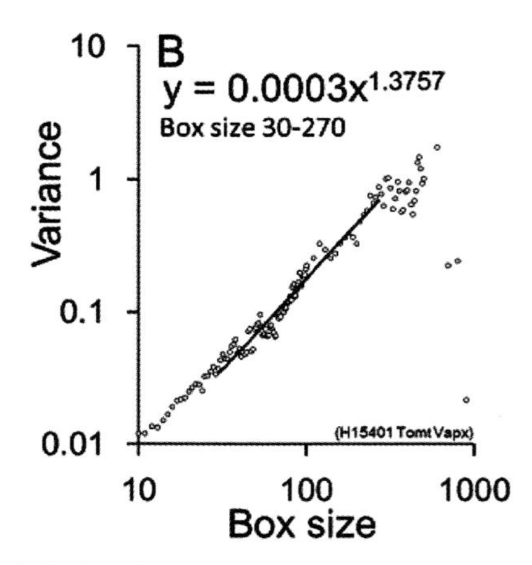

図 5-8　(A) 左室先端が壊死している虚血性心臓の時系列データ。(B) ここで測ったいろいろなボックスサイズでの SI 値は：[30; 70] 0.83、[70; 140] 1.85、[130; 270] 1.65、[51; 100] 1.73、[30; 140] 1.35、[30; 270] 1.38（研究が進み、やがて [30; 270] を測れば平均値とほぼ一致することが判明。自動計算ツール開発にはこのボックスサイズだけでも良いことになった）

申し訳ありませんが、本当のことを申し上げます。心筋の一部が損傷しているタイプであると、私の実験結果から言えます」と答えた。彼は急に微笑み返した。「え？ なんでそんな詳細がわかるんだ。すごいな」と。彼は自身の心臓に何が起こったのかを話はじめた。左室の先端が壊死しており ICD を入れており、医師の監視下にあるという。「真のツールが完成したら連絡をくれ。いくら出しても買うから」そう言うと名刺を筆者の手に置いて立ち去った。それ以来数年が経過した。mDFA の発想を得たが、まだツールは完成していない。

5-7　植込み型除細動器 2（Mr. Sg Ngya, 40 歳代）

詳細は語らなかったが、何らかの理由で ICD を入れている男に会った。ICD が働いたとき ICD の電気ショックに反応した動悸を感じるという。彼の担当医は心臓はよくコントロールできていると言う。会社のデスクでソフトウェア開発の仕事をする限り ICD 生活は問題ないという。医師が指示するのは激しい運動を避けよということだけである。

彼は親切にも 1 時間ほど指先パルスを取らせてくれた。彼のおかげで ICD

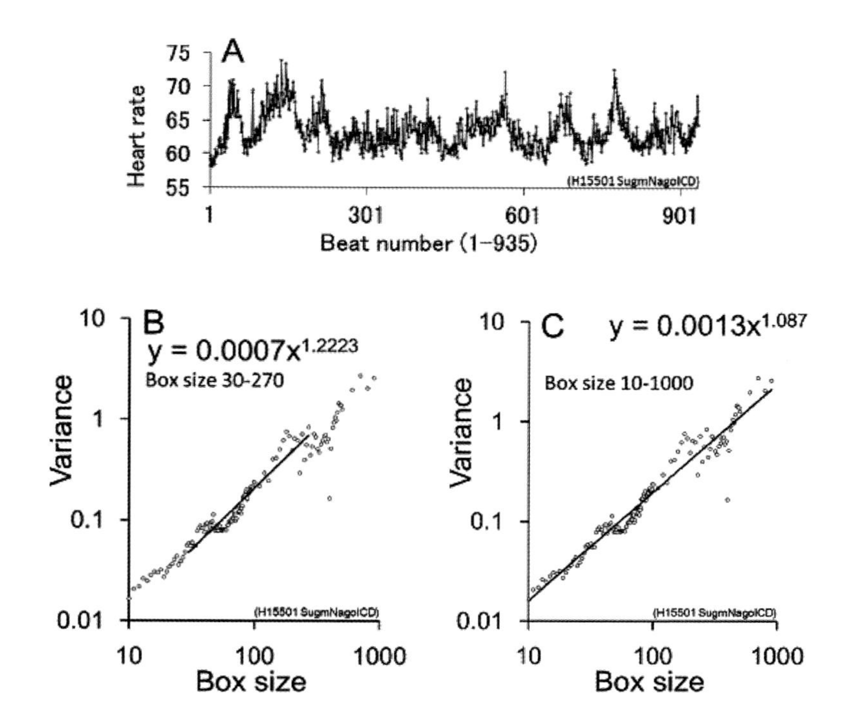

図 5-9　ICD 植込み型除細動器を使用しているボランティア。スケーリング指数は、[30; 70] 0.54、[70; 140] 1.74、[130; 270] 0.68、[51; 100] 1.77、[30; 140] 1.10、[30; 270] 1.22、[10; 1000] 1.08

使用者の心拍の mDFA を調べる機会が得られた（図 5-9）。ボックスサイズの範囲［10; 1,000］で SI は 1.087 であった［図 5-9（C）］。この値は正常で、医師の言ったことを裏付けるものだった。しかしボックスサイズの範囲［30; 270］では SI が 1.2223［図 5-9（B）］であった。心拍間隔時系列からは重大な問題は見て取れなかった［図 5-9（A）］。

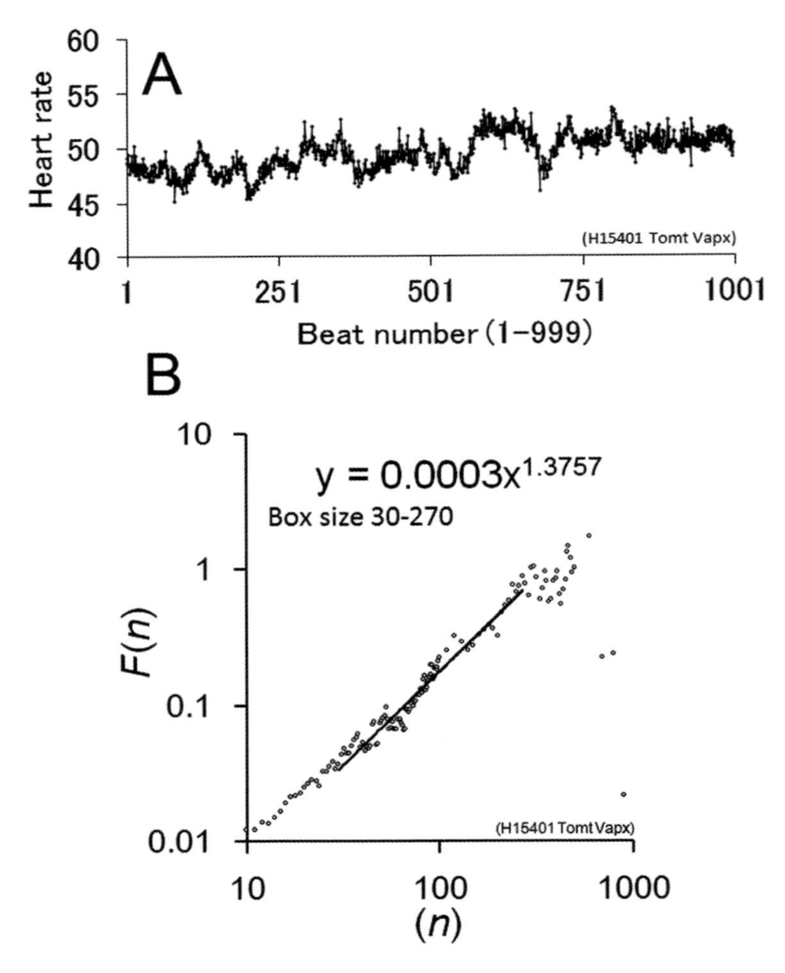

図 5-10　バイパス手術歴のある、ステント 2 本を留置したボランティア

5-8　バイパス手術とステント植込み（Mr. Ysd, 60 歳代）

2007 年 9 月、著者が新技術を紹介していた展示ブースに一人の紳士が訪ねてきて、自身の病歴を話してくれた。3 本の主たる冠状動脈を手術し、1 本はバイパスで、他の 2 本にはステントが入っていた。その手術は mDFA を実行する 10 か月前のことだった。彼のスケーリング指数は 1.2581 で暫定ガイドラインの正常範囲「0.8 ～ 1.2」を超えた（図 5-10)。

5-9　ステント：緊急手術（Mr. Ysro, 60 歳代）

大学事務室で働く紳士がステントを入れる羽目になった話をしてくれた。ある夜、彼は東京都心の自宅で妻と夕食をとった。午後 8 時、彼は胸が変だと妻に訴えた。痛くはないが変だと。妻は、賢くも、すぐに救急車を呼んだ。5 分そこらで彼はもう病院のベッドに居たという。医師は虚血性心疾患と診断、直ちにステントの冠状動脈への経皮挿入術が施行された。後に医師が彼に言った「あなたはラッキーだ。あなたの奥さんはすばやく救急車を呼んでくれたよね。奥さんが虚血性心疾患からあなたを救ったんだよ。病院に来るのがもう少し遅れていたら亡くなっていたよ。」

彼はそれを聞いて嬉しく思ったが、一方で一抹の不安を正直に著者に語った。「ほんとに医師が言うように心筋に傷害が無いのだろうか。完全に信頼できるのだろうか」。著者は「医者は、血中のタンパク（心筋トロポニン T）の試験をして心筋細胞が破壊された兆候は無いと見ているはずだ」答えた。もちろん彼の不安は理解できたので、彼が「あなたの mDFA を試してくれ」と言う申し出を喜んで引き受けた（図 5-11)。

実を言うと彼の心拍には、良性らしい PVCs（Premature Ventricular Contractions：心室性期外収縮）が出ていた［図 5-11（A）の 2 つの PVC 参照］。彼の SI はなんと正常だった。急性の冠状動脈梗塞性によるステント留置なのに、1.4 のような高指数ではなかった。彼の心臓の指数は突然死タイプの値を呈していない。我々の mDFA に彼は安堵した。医師の「心筋の傷なし」の言葉の二重確認だった。このケースは、公衆衛生の管理に mDFA が役立つことの証明と言えるのではないだろうか。

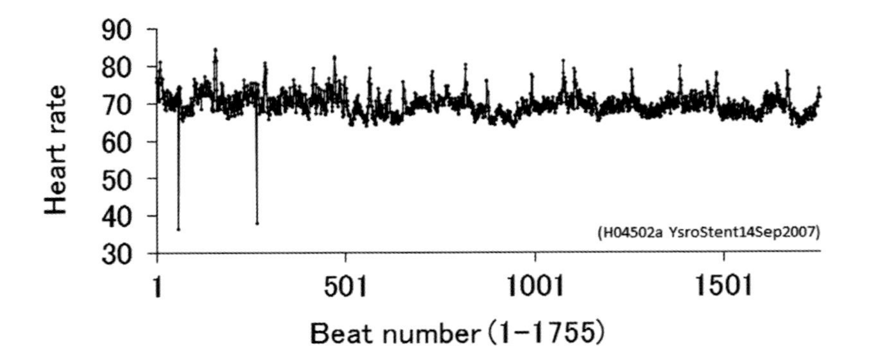

図 5-11　虚血性心疾患で違和感を訴え、すばやい家族の機転で救急搬送された。［30; 70］0.93、［70; 140］1.00、［51; 100］1.05、［30; 270］0.89、［10; 1,000］0.93

5-10　PVC 1（Ms. G, 58 歳）

心室性期外収縮（PVC）のある女性を調べた。PVC はよくある不整脈で、歩調取り細胞（sinoatrial：洞房結節細胞）が発した正常な活動電位が心室に伝搬するよりも早くに、心室筋細胞が活動電位を発してしまう。図 5-12 では一つ PVC が出ている。沢山発生しない限り、これは深刻に取り組む心臓疾患ではない。無害・良性と考えられている。毎分 10 回超だとやっと医師が気にかけ始める。

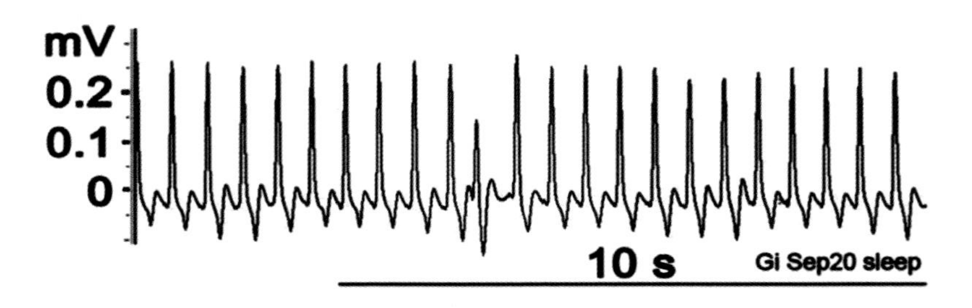

図 5-12　58 歳女性の典型的な期外収縮の脈拍パルス記録。ピエゾ型記録計使用（ADI 社、オーストラリア）。小さい拍動が期外収縮

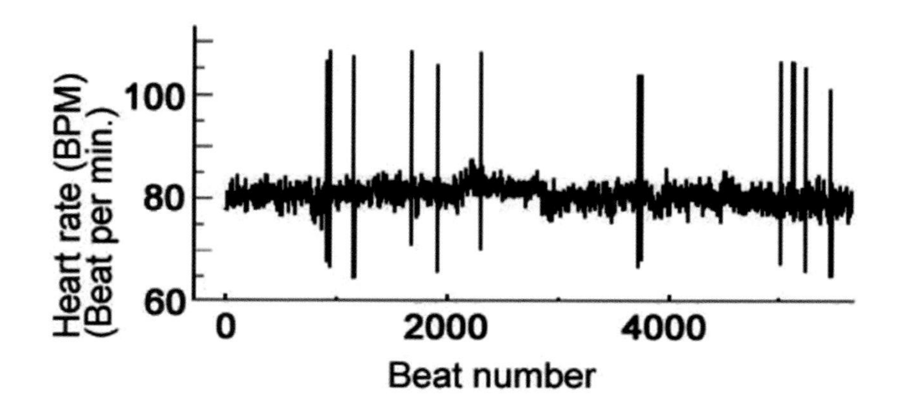

図 5-13　58 歳女性（図 5-12 と同一ボランティア）の 6,000 拍（長時間記録）の時系列データ。12 拍の期外収縮が見える

ここでは PVC が低頻度で、1.5 時間 6,000 拍の記録でわずか 12 回だった（図 5-13）。ところがこの心臓の SI は約 0.7 と低い（図 5-14）。「跳ねる・飛ぶ・抜ける」心拍は、医師が無害だと言えども、決して心地よいものではないと語った。期外収縮の原因は完璧に解明されてはいないようだが、少なくとも一つの理由が自律神経機能に起因することを著者は mDFA で確認した。2004 年に出ていた PVC が 2 年後（2006 年～ 2009 年のデータは図示していない)、生活環境の変化で完全に消滅し、SI は 0.9 に上昇した。しかし、2011 年に SI は 0.6 ～ 0.7 に逆戻りし PVC も出るようになった。2011 年にストレスがあると彼女は語った（データは次の項)。

mDFA でも DFA でも、途中の計算に最小二乗法による回帰線の計算が含まれる（30 ページ、図 2-12 参照)。一次近似、二次三次四次のように（ここではこの途中の計算については図に示していない)。図 5-14 のグラフは、この途中の最小二乗法（つまり図 2-12）のあと、最後の計算で再び出てくる最小二乗法のグラフである。順に一次二次三次四次と計算した結果、我々は四次までやれば結果が安定することを確認した（つまり、図の C と B に大差が無いことを言っている)。この試験結果を受けて、我々のプログラムでは四次近似計算を使用している。こうして我々の mDFA プログラムは SI

を概算している（図のＬとＱではSIの値がそれぞれ0.75と0.76で0.7付近だが､Cでは0.65に低下してしまう。そこで次数をあげ､Bで0.67となり、これ以上次数を上げても0.6付近で安定した、という意味である。将来ツールを作製して全自動化する場合、一次近似でプログラムを組むよりも次数を上げて「収束」を試験しておけば器械として信頼性が増すと考えられる。本著作を参考にすれば、各人各様にmDFA装置を独自の目的に合わせて都合よく製作できるわけである）。

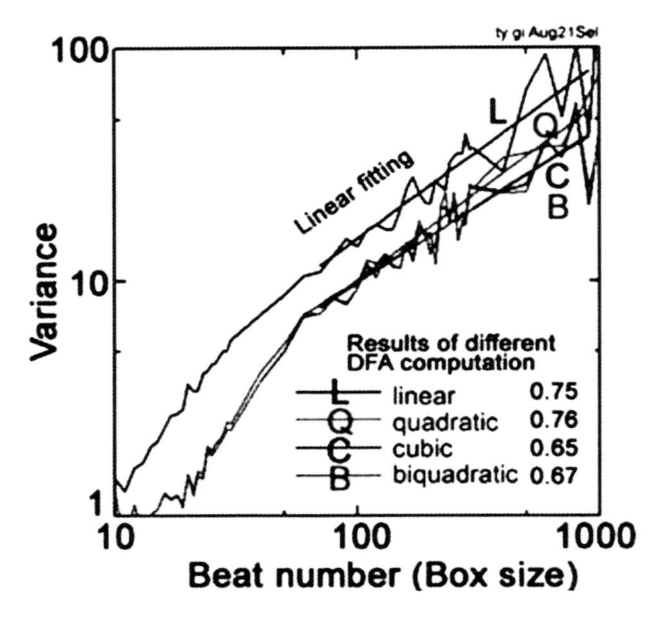

図5-14　58歳女性（図5-12図5-13と同一ボランティア）のトレンドを除いたゆらぎ解析の途中の計算を示す。この心臓のSIは約0.7。正常値、1.0より大変低い

5-11　PVC 2（Ms. G、7年後。自称ドイツ人、パスポート上は米国人）

この被験者は5-10で登場した方で、あれから7年後。このように著者は長期監視を続けることができ支援に感謝している（インタビューを必ずするのだが、今回はストレスが「有る」と本人が申告している）。

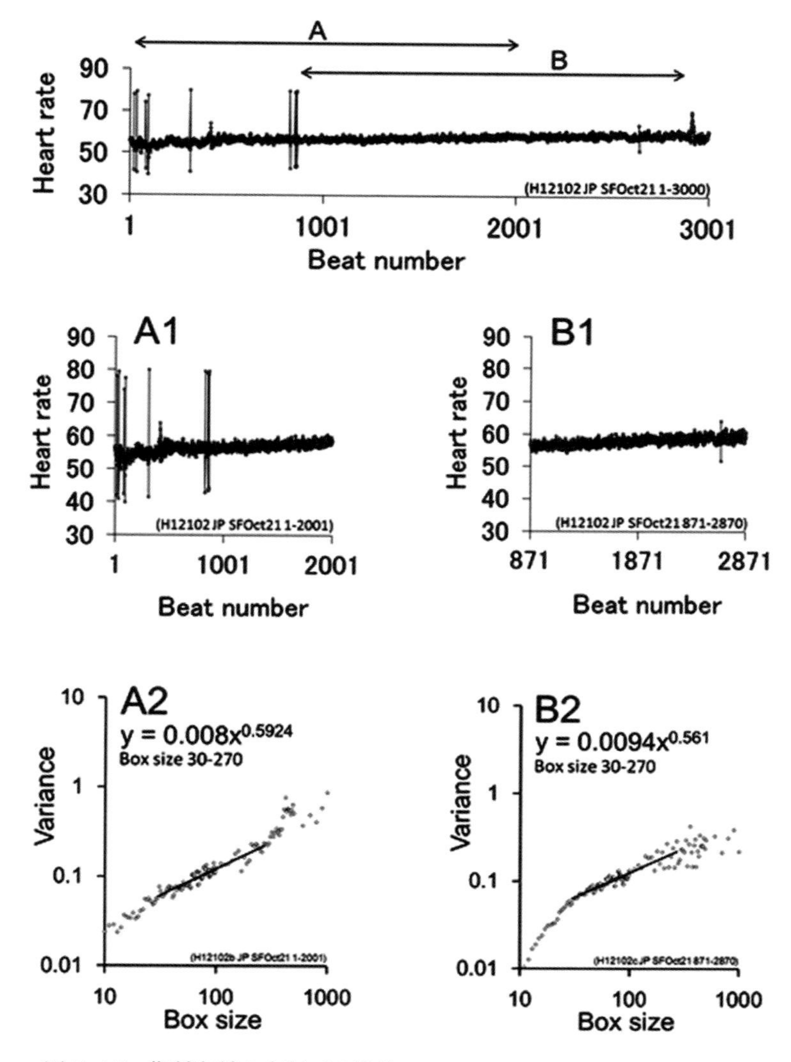

図 5-15　期外収縮の有無での比較

図 5-15 は、この Ms. G. の連続記録において、不整脈 PVC の多い区間の SI が 0.5924 で、PVC が出ない区間でも 0.561 と、どこを測っても低いことを見つけた図である。つまり mDFA は心臓機能そのものの正常異常に反

応し見ているのみならず心臓調節の機能についても敏感なのである。（著者が心臓は脳と心の窓（Window of mind）だと主張する理由がここにある。この人物を追跡していて、著者は当初不整脈PVCがSIを低下させることを発見したと喜んだのだったが、実はそうではなく、PVCが有っても無くても低い場合のある事に最初に気づいたのが、この例である。PVCが有っても1.0の場合さえある。結論から言えば、ゆらぎ方を示すSIが1.0なら良いのだと著者は考えている。言い換えれば、心臓が止まらぬ限り少々不規則でも、血餅が出来て塞ぐ事故が発生しない限り、ポンプととして機能は果たすのだとmDFAは言っているように考える)。

まとめ。この被験者（5-10と同一人物）のスケーリング指数は低かった。これは必ずしもPVCが理由ではない。ゆらぎを作り出しているのは、心筋および自律神経という生理的多重状態が要因になっている。力学系理論・動的システム理論（活力に満ちた、生き生きした、活動的ないろいろな現象を対象とするという意味）や非線形的な考え方（変化が2倍になったから結果も倍増したなら線形的だが、4倍にも8倍にもなるとするならばこれは非線形である。簡単に比例して相関を考えられない場合を想定しているという意味。むしろ大自然は非線形ばかりだと考えている）からすると、mDFAは心臓も調節装置も含む心臓血管システム全体、システム全体の機能を見ているのである。PVCは少なくとも一部分神経が原因で発生するのである。mDFAは心臓コントロールシステムまでも監視しているのである。それゆえに、すでに上で述べたように、mDFAは恐れやストレスまでも検出できるのである。mDFAを使えば、誰でもが全システムをたった一個の指数(exponent)でチェックできるのである。mDFAは心臓チェッカーであると同時にマインドチェッカーかも知れない（ここで言うマインドとは、思考、感情、記憶、心、精神、感じ方、意向、気持ち、心理、意識、気質などを意味する。mDFAはこれらマインドに反応することを著者は主張するのである)。

5-12　PVC 3（Mr. Bnd, 86歳）

30分間に4回だけPVCがでるMr. Bndに出会った（図5-16（A))。健康そうに見えた。そしてSIも1.0853であった（図5-16（B))。PVCは出

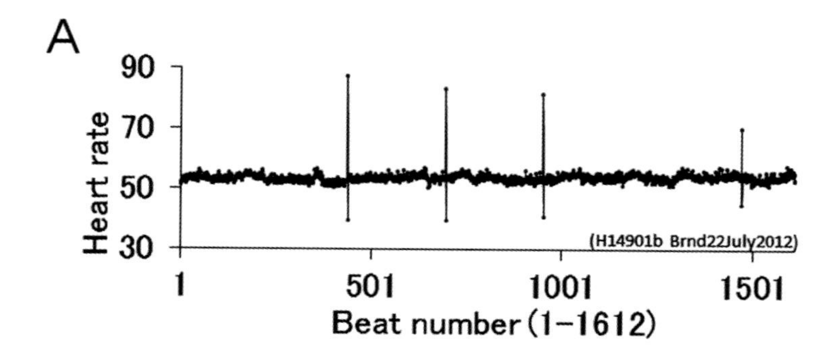

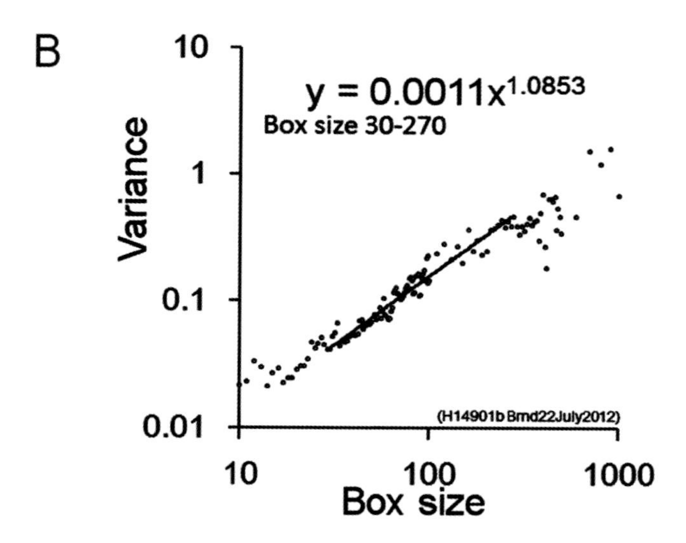

図 5-16 期外収縮がある 86 歳男性

るが SI は 1 と低くない。この紳士は生活は幸福だと著者に語った。彼が息子を著者に紹介してくれた。息子もまた紳士だった。息子が彼の世話をしているという。両者の EKG をもらうことができた日だった（息子の結果は示してないが、正常であった）。

まとめ。PVC の発生は SI 低下の主要因ではないのではないようだ。そのかわり神経系の問題がスケーリング指数の値の一因となるのではないだろうか。まだ作業仮説である（著者は神経活動が反映されると信じているが、科学的に認知される日も近いと考えている）。

5-13　交互脈（Alternans）（Mr. Hysh, 60 歳代）

交互脈は、ドイツの医師 Traube により 1872 年にまずヒトで記載された不整脈である［58］。二拍子の脈で死の前兆（a harbinger of death）とも呼ばれる。図 5-17 は追跡調査の結果で、2007 年のある 9 月の午後、イノベーションジャパン展示会で著者が発表しているときに Mr. Hysh と出会い、続けてイノベーションジャパンの会場にて脈を測らせてもらった。Mr. Hysh は、不整脈が理由で定期的に医師に会っていると言った。mDFA は初めて耳にするが実行したいと希望した。SI は 0.6709 で大変低い値だった［図 5-17（A2)］。彼は著者に SI 値や EKG の科学的解釈および意見を求めた。交互脈が出ているので Traube が 1872 年に記載した交互脈の話をした。少し考えたが、交互脈は a harbinger of death ということまで話した。Mr. Hysh 少し驚いたようにして帰って行った。

翌年の 2008 年、著者は運よく再度イノベーションジャパンで mDFA を発表することを許された。そして 2009 年も 2010 年も招へいされた［図 5-17(C)］。Mr. Hysh は 2008 年の 9 月のある日の午後、イノベーションジャパンの会場に再度現れた。その時も EKG を取ったが、mDFA の結果に大きな変化は無かった。2009 年、また来訪した。今度は、交互脈が消失していることに驚かされた［図 5-17（B1)］。mDFA を実行すると SI は 0.7634 に上昇していた［図 5-17（B2)］。これは、彼に一体何が起きているのか、著者にとって説明不可能だった。もし理由が考えられるなら教えてほしいと彼に尋ねた。彼は微笑み、2 年間の物語を進んで語った。勤務先のある電気会社の研究所へ毎日自動車通勤していたが、2007 年、著者に会ったあと直ちに自動車通勤をやめて歩くことを決意した。週 5 日、1 日 1 万 5 千歩を目標に歩いた。彼は付け加えた。決心の理由は「the harbinger of death の話を聞いたから」だった。

2010 年の 9 月のある日の午後、展示ブースで再び EKG を取り、交互脈が出ないことを確認した。SI 値は前年と大体同じだった。彼は 2010 年の 3

月に退職したと話した。毎日歩くように努めているが家にいることが多いと語った。

この発見、Mr. Hysh の努力と達成は mDFA を大変勇気づけるものとなった。30 分間心拍を記録し mDFA を実行したことで、彼の健康管理法が妥当で素晴らしいことを示していた。ヒトの交互脈はスケーリング指数を低下させるのだ（図 5-17）。

データは図示していないが交互脈はモデル動物でも記録された。自由行動状態の伊勢エビの SI は 1.0124 だったが、摘出心臓にするとしばしば交互脈が出現し、しかも SI 値が低く 0.628 となった（文献［3］、［11a］、［40］に出ている）。一体全体交互脈を誘発する生理学的しくみは何なのか？ Yazawa が甲殻類心臓の実験で得た自然界の具体的数値、「パラメータ・測定可能な変数」を使って、コンピューターモデルが Kitajima 教授により作られた（普通なら絶対に出会うことの無い異なる分野の研究者が、ボルガ河の 1 週間の船旅会議をしながらロシアの国際会議で出会った。船旅の間、食事をするための席は決まっていて、強制的に異国人間の交流が深まる仕組みになっていた。決められた同じテーブル席に座り 1 週間を過ごした結果、著者と Kitajima 教授は意気投合し、数理モデル実験と動物モデル実験がつながったのである。各人が一人ひとりで他流試合に挑戦している。著者にとっては外国でこそ特別ユニークな人に出会える。勇敢な戦士に会えるという意味で国際会議は、外国人に会えることだけでなく邦人発見という意味でも成果がある）。この研究で、Kitajima 教授 と著者は、血液中のカリウムイオン濃度、および、心筋細胞膜のナトリウムイオンチャンネルにおけるナトリウムイオン透過性が、交互脈の発生の原因になっていることを突き止めた［59］。カリウムイオン機構に関する欠陥が、なぜ特に死にゆく心臓や損傷を受けた心筋細胞で、交互脈、死の予兆の脈、と呼ばれる不規則な脈を発生させているのか？ その答えはどんな種類の細胞でも同じだが、損傷した細胞は壊死して破裂（パンク）する（細胞として独立した構造を維持できなくなり、細胞膜が破れ大量の細胞内容物が細胞外環境へ流出してしまう）。生きている細胞では、細胞内のカリウムイオンの量は細胞外液のカリウムイオンに比べ 10 倍多い。それが流出し血液やリンパ液中に漏れ出すと、生きている細胞

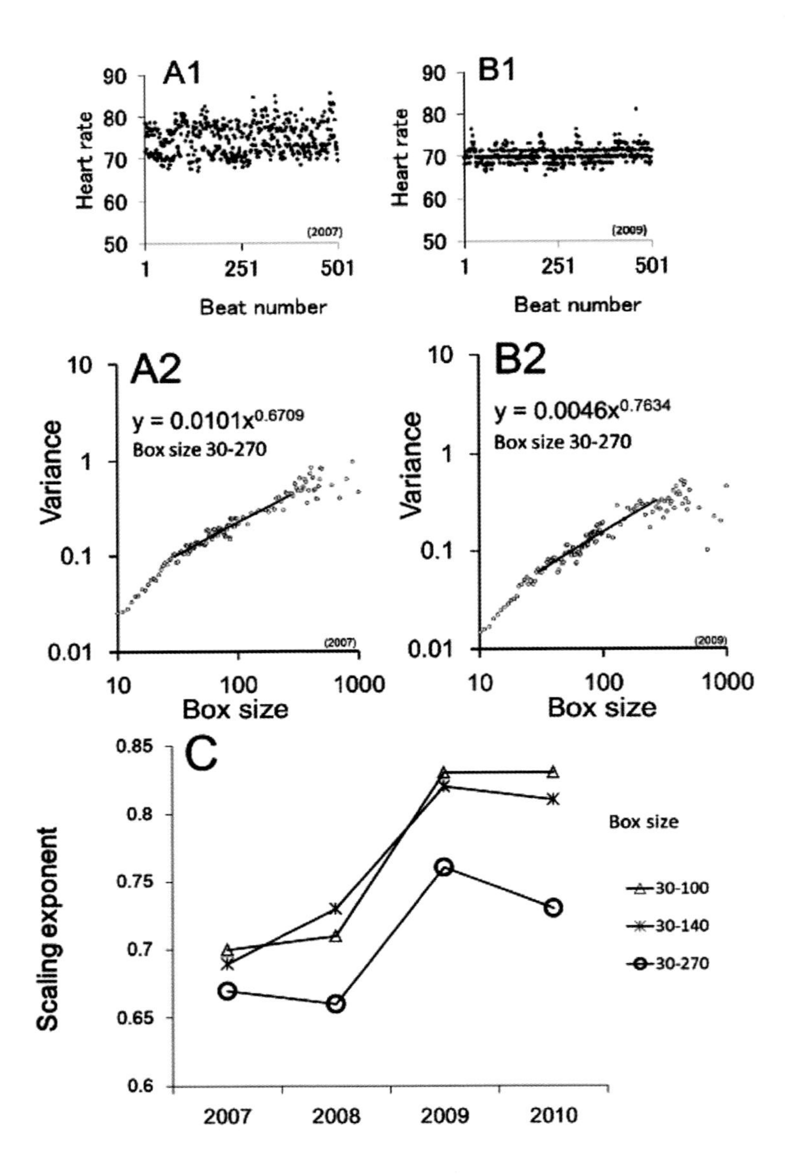

図 5-17　交互脈。電気会社研究所勤務

は脱分極する（生理学の教科書のNernstの式）（死ぬ細胞の数が問題となる。数が少しなら問題は起こらない。漏れ出たカリウムイオンは腎臓の機能で適性に補正され血中イオンバランスは健康に保たれる。だが死ぬ細胞数が増加すると、処理能力が追いつかない。浮腫・高カリウム血漿という病態へ進んでしまう。そうなると細胞内外の濃度差が10倍あるべきところ、内外の差が縮まる。本来なら−40〜−70 mVあるはずの「分極している」細胞内外の電位差（＝細胞膜電位）が−30〜−40 mVなどの方向へ向けて、つまり0 mVに向かって「脱分極」する）。Kitajimaモデル［59］は、このような病態が交互脈を誘発することを数理的に証明した。がんの末期患者でこれが起きている（がん患者でのmDFAの結果は41〜43ページ）。

5-14　心臓の弁手術をうけ不整脈の薬物治療中

この被験者は彼の個人情報を告げずmDFAだけを願った。年齢も手術の詳細も不明。しかしmDFAの結果は彼を安堵させた。SIが1.0781、完全に正常だった（図5-18）。mDFAによれば、彼の心臓のリズムはよく調節されている。もしmDFAというツールが商業的に入手可能な時代が来れば、ここに示したような肯定的なmDFA結果は、問題を抱えている人々にとって重要な結果に違いない。

5-15　うつ病患者：音楽療法

うつ病が健康問題上大変大きな負担であることは明らかなのだが［60］、うつ病という病気は多くの病態を呈し、正しく診断することは必ずしも容易ではない（たとえば2014年の科学誌TINS: Trends In Neuro Science 12月号、p683参照。現行の精神疾患の分類には致命的欠陥がある）。うつ病のような精神疾患は心臓に何らかの異常を引き起こす見込みが高いとされている。しかしながら、うつ病と心拍変動との関係を調査する研究の焦点は、心臓循環器疾患の患者だけである。著者の研究では、心臓病に関する限り不安の無い精神病患者において、音楽療法を試み、その間に記録したEKGでmDFAを実行し、同療法の効果を見ることを目的とした。著者と音楽療法士で看護師の大学教員、Dr. Otomuraほかとの共同研究として実施した。日本の名古

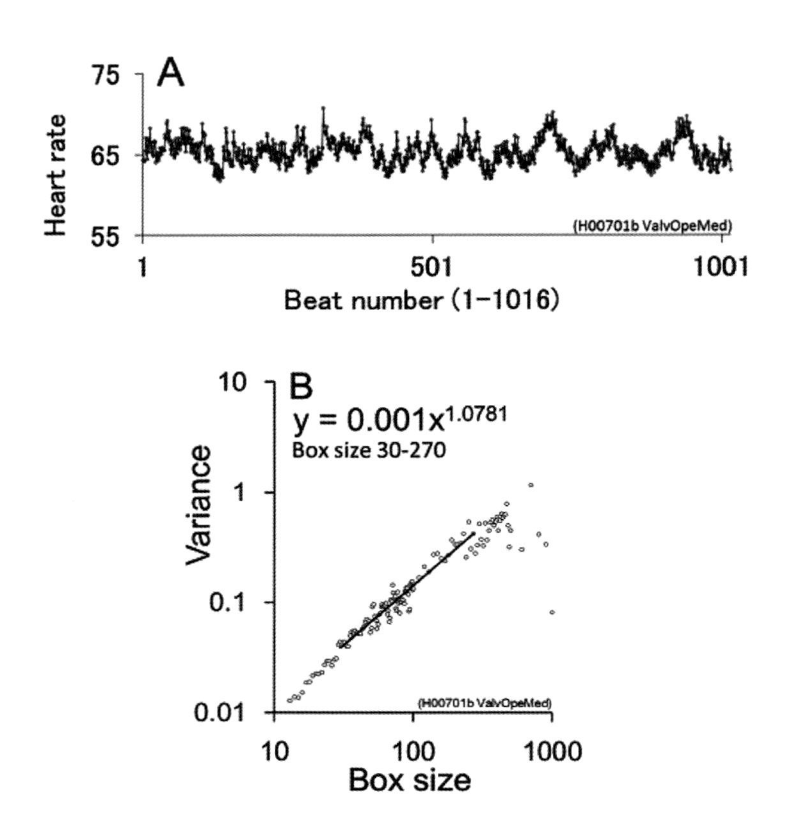

図 5-18　弁手術および不整脈の投薬を受けている方の mDFA

屋付近のある病院に入院しているうつ病患者（計 8 名、承諾書あり）の心臓の様子を研究した（患者、医師、病院等の安寧ため詳細情報を秘匿します）。音楽療法実施時に、著者が同席して患者および音楽療法士全員から、行動観察と EKG 記録を実行した。音楽療法手続きは、mDFA の都合に合わせてもらい、30 分間の談話、続いて音楽活動 30 分間、そして 30 分間の対話とした（図 5-19）（期間は半年の準備を入れて約 2 年間。1 ～ 2 週おきに 1 回実施、毎回朝 10 時開始。毎回、担当の精神科医師 Dr. Suzuki の許可を得た患者が音楽療法を予約。病室から付き添いが患者を療法室に導き入れ、終了後また連れて戻る。音楽療法士は菓子や飲料も用意し談話内容も音楽 CD もピアノ演奏も準備。特に本試行では、患者の音楽嗜好を調査し、患者個人個人の嗜好に合わせて、好む楽曲を CD またはピアノ演奏)。

著者の期待を裏切り、mDFA は精神病患者と音楽療法士の心拍をスケーリング指数により区別することはできなかった。しかし、1 回だけ、部屋内のほかの人々の SI は特別な反応をしないのに、ある一人の患者の SI が強く音楽に反応し SI 点数が上がったケースに遭遇した。これは異常な反応で mDFA のこれまでの経験では説明がつかなかった。ところが約半年後、Dr. Otomura からその患者の自殺を告げる連絡が著者に入った（不可解な反応に頭を悩ませていた著者にとってこれは大変な驚きであった。もちろんもっと病態の理解を深められる要素分解的生理学的研究結果を連結するような脳科学の発展が必要である。とは言え本研究がまだ見ぬ領域にいくらか接近していて、mDFA を利用した心拍監視が、この領域でこれまでに補足できなかった未知とされる事象をとらえている可能性がある、ということが強く示唆される結果だと考えている。脳科学の進歩は、まだ精神疾患の理解の域にまで全く達していない。神経化学的な物質レベルの解明や遺伝子レベルの解明、生理学的な神経細胞間の連結・配線など基礎研究的知識の集積はおろか、時

図 5-19　音楽療法と EKG 記録。（写真は患者の許可を得て著者が撮影）：1–5 は患者。3 名の番号なしは音楽療法士看護師（著者はこの療法に常に同席し EKG 記録を担当）

間とともに変化する脳全体の機能変化のミリ秒単位の詳細な追跡など全くできていない。もしかするとmDFAが自死を察知したと言えるのかもしれないと著者は考えているが、この現状では、そのレベルはまだ科学とは言えないレベルにある。mDFA装置が一般に普及することがあり、使用経験が増え、やがて性能や理論が世間に認知されるようになれば、今後の生命科学の進歩とmDFAの数学的理解の学問的進歩を待つという淡い希望もでてくる。1、2世紀後には解明されていると期待している)。

別の精神疾患の患者で、音楽(および運動などの複合作用かも知れない)の効果が著しかった例があった。SIが低い時に好きな音楽を聴いてSIが上昇したのである(図5-20)。

音楽とmDFAとを組み合わせた治療が役立つかもしれない。このmDFA結果は別論文で発表されている("DFA of Cardiac and Psychological Abnormality: A Test of Quantification Method on Models and Humans" by Yazawa, Otomura et al. July 2013, Orlando, FL, WMSCI 2013 congress proceedings)。

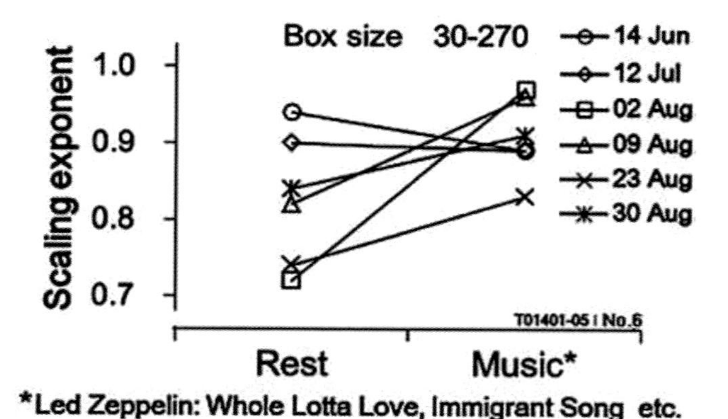

図5-20 50歳代男性、双極性障害患者。症状はうつ病の軽躁エピソード状態。彼のお気に入りはロックンロール音楽(SIが低い時に音楽を聴くとSIが改善。レッド・ツェッペリンのWhole Lotta Love, Immigrant Songなどを聴く)

5-16　眠り

眠ることとは、夜あるいは昼間であっても、睡眠の段階を周期的に繰り返すということである［68］（段階とか区分けとか分類はヒト（学者）が勝手に決めたことだが、この共通ルールにしたがって眠りは表現されてきた。睡眠段階は浅いものから深いものまで階層化されていて、これが数回繰り返すという現象が、正常な夜中の８時間睡眠ということになる。浅いときは夢をみるように眼球を動かしていて、深いときは死んだように眠る)。たとえば心的外傷後ストレス障害が例に挙げられるのだが、眠るという現象は脳の機能つまり心理現象と強く関係している［56, 67］。健常者は、眠りはじめると深い睡眠段階（Non-rapid eye movement sleep, NREM）へ向けて１時間以内に急に陥る(たとえば［65,66］参照)。複雑で高価な器械で脳波記録(EEG)をすることなしで眠りを測ろうというのは難しいがやり甲斐のあることである［63］。脳神経が支配する標的の一つは心臓である（したがって心臓が脳の活動状況をよく反映するということになる)。Ivanov（2006）は、睡眠から覚醒への変遷が、心拍のゆらぎに見られる非線形な特質を変化させるということを記述している［61, 64］。また Goldberger（1987）［62］は非線形の考え方を心拍解析に適応して発表している。著者も、１時間以内に急速に眠りにつく被験者（つまり、時間節約のためもあるが、必ず眠りの実験ができるように、実験の前に睡眠不足にしておいてよく眠れる状態のヒトを準備しておいた）から EKG を取り mDFA を実行した。上で述べたが、著者の研

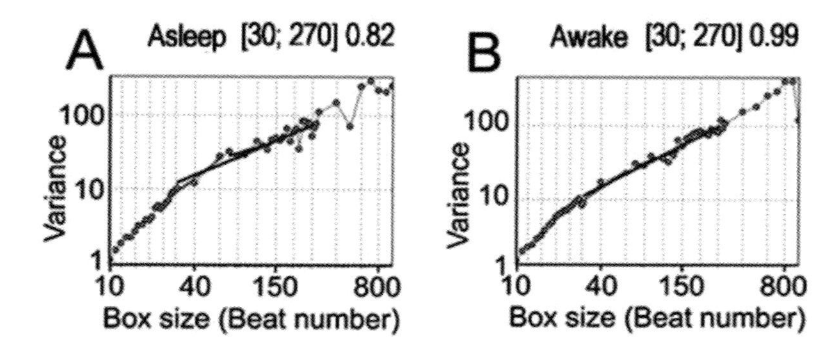

図 5-21　睡眠中と覚醒中の mDFA

究で、「心臓」と「心・精神・認識」の間の関係を監視していると、両者の生理学的な結合性が、機能的に変わったり、ダイナミックに（活力に満ちて）変化したりする場合にその様子の「みえる化」がmDFAなら可能であった。さらに、眠っている状態ではスケーリング指数が低下するというIvanovが発表したことがらを、著者のmDFAが確認した（図5-21）。睡眠に関係するmDFAはすでに出版した（"Evaluation of Sleep by Fluctuation Analysis of the Heartbeat" by T. Yazawa et al., IAENG Transactions on Engineering Technologies, Vol. 6, AIP Book）。

5-17　寿命末期、最終状態

死に行くヒトのEKGも研究した。東京でK-Clinicを運営している末期医療の医師Dr. K. Takizawaのご好意で、死にゆく患者4名の長時間EKGデータを頂戴した。（Dr. K. Takizawaご自身も心拍ゆらぎ解析を実行しておられ、独自の演算法は国内外で権利化されている。患者の居所から心電図が端末経由で通信されるモニタリング機構であり、集中管理されていて、このような新規先駆的構想がすでに医師自らの手で実行されているとことが特筆に値すると著者は敬服する）。

救命医療では、特に外傷や出血性ショックの後のような状況では、患者の生理的状態に関する、時機の良い、正確な見積もりが、重要である［67a, 68a］。K-Clinicでは医師が、末期患者のEKGを連続監視しており幾人かはずいぶん遠方に居所がある。患者につけられたEKG記録計が信号を携帯電話経由インターネット経由でクリニックに送る。今回mDFAを試行したのは、そのような遠隔伝達されたEKGデータである。今回著者が解明したのは老衰はSI値の低下をもたらすということだった。これは著者がすでに発見している、徐々に死にゆくモデル動物（熱帯のカニ、ヤシガニ）での研究結果と一致した（すでに述べた図3-1参照）。

突然に死亡する動物ではSIが1.0より大きく1.5に迫った（図3-3）。本著者の研究結果は、広く一般に、死にゆく患者のスケーリング指数は0.5に向かって降下するということである［図5-22（B）参照］。一方、予測不可能な死の場合では、SI値が比較的高いことが明らかだ［図5-22（A）、図

5-22（C)、図 5-22（D)]（この予測不可能な死と対照的なのが上にあげた死にゆく場合である。死にゆく場合とは、医師のみならず一般人がみても次第に弱ってきていて、もう亡くなるのではないかと察知できるような場合を意味する)。

結論：下等モデル動物無脊椎動物で示したと同じように、SI 値の低下は全身の細胞で壊死が徐々に進んでいることを示している。一方､高い SI 値(しばしば高い値が安定して 1 時間は維持される)は末期､すなわち心停止が迫っていることを示している。ただし、それが正確に何時なのか誰にも予測不可能である。特に予測不可能な心停止の早期警戒という目的で興味深いと考えるが､いずれにしても、この mDFA 法は使い物になる手法ではないだろうか。

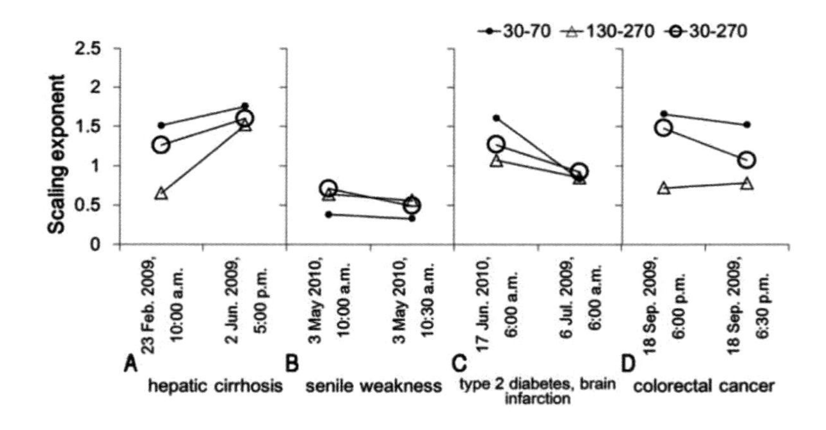

図 5-22　末期患者の mDFA

6 考察

6-1 考察

生活などに充足感のある人々はこの世界で稀である。むしろ人々はみなストレス、不安、病気、その他の問題を抱えて暮らしている。著者が所有する400人超のデータのプールの中で、SI値がほぼ1という人は稀である。手短に言うならば、何かに意欲的な人、やる気のある人、EKG記録中能動的な人（これは、少し黙っていてほしいと思うくらいに、おしゃべりで30分間のEKG記録中にじっとしていない快活な人）は一般的にSIが1に近かった（いわゆる*1/f*リズム）。そのような人は半分以下である（表5-1、図5-5）。大変多くの人が低いSI値を示した。心拍記録はイラン、インドネシア、日本、米国、カナダ、オーストラリア、ドイツ、ロシアなど世界中で行った。大事な発見は、程度の差はあるが、SIが人びとの健康状態を示したことである。特に不満・不幸な状況は、直接対談インタビューとmDFAとの併用で検出が可能である。対談するとき、著者は必ず状況や環境を注意深く観察し、それをノートにとり、それをもとにmDFA結果を解釈した。これは難しい仕事だ。著者の希望は、誰かがmDFA装置を作製してくれて、この装置が日々の暮らしをうまくやっていく助けになることである。SIは数値表現されたスケーリング指数という定量値で、mDFAが演算して出す値で、最初に取り入れたのはPeng、Stanley、Goldberger、Ivanov、Glass、その他の人々のようである。

著者は神経生理学徒として、実験に基づく経験的調査をしたに過ぎない。ただ記述しておきたい事は、次の主要パラメーター（変数）が鍵となるということだ。すなわちEKG記録は椅子に座して取ったり、インタビューしながら取ったりして、2,000拍のピークを取得し、ボックスサイズは［30; 270］が最適ということである。EKG増幅器は、信号の入力の時定数（電気工学で**τ**：タウ）を、医療用の世界基準の心電計のそれよりも小さくすべしということである。この小さい**τ**があれば、もし被験者が活発で話たり笑ったりしても記録の基準線は画面から飛び出さずに安定して30分間以上連続

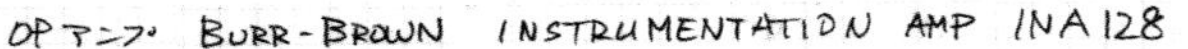

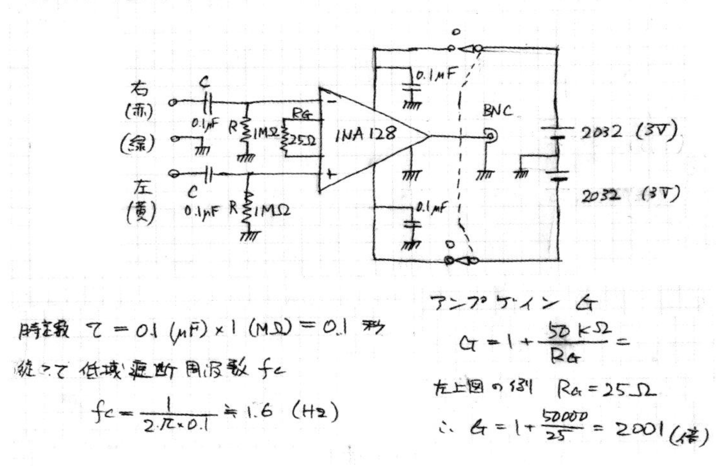

図 6–1 基線が安定していて欄外に飛び出さない改良した EKG アンプの回路（Y. Shimoda 教授製作）。

に安定した記録ができる。τ は約 0.1 秒、増幅率は約 2,000 倍、オペレーションアンプ INA128 が使える（図 6–1）。

6–2 生物学における空間的時間的構造

生物学者にとって、心臓はあくまで心臓で、心臓と呼ぶのが当たり前の臓器なのだが、物理学者ならたぶん本能的に、生き物の心臓を「動的システム」だと表現したくなるに違いない。物理学者である Mitchell がベストセラー本［44］でわかりやすく明快に述べている。著者の理解に従い意訳説明を試みると以下のようになる。動的システム理論（Dynamical system theory または力学）とは、あるシステムが将来どうなるかを予測したり記述したりすることで、システムの振る舞いは、要素からなる集団内での集団行動がもとになっているが、個々の要素の振る舞いは見えず、最終的に目に見えるのは巨視的レベルの現象で、複雑で変化に富んだ現象である、というような説明になる（巨視的レベルで見えているあるシステムの振る舞いは、中に含まれている沢山の要素が相互に影響しあった結果として出てくるものであるというような意味。そこで、心臓血管システムを考えると、心臓は心筋細胞の集団でありそれらが相互作用してポンプになっているが、そのポンプは自律神経細胞集団の調節作用をうけ、結局心臓と神経系は一体となって振る舞い、心拍の一拍一拍は、毎回毎回すべての要素が相互作用してその結果として出現している。これが心臓のリズムであり、そのリズムを作り出している要素とは、一口で言えないほど数が多い。たとえば、心筋細胞膜を構成する脂質分子、細胞膜にはまっているイオンチャンネル分子、同じく膜にある神経伝達の受容体分子、これらから構成される心筋という細胞、細胞集団からできている歩調取り領域、心房や心室などのさらに大きな心筋の集団、この心筋に向けて支配信号命令を伝える自律神経という名の抑制性及び興奮性の神経繊維、自律神経に身体の酸素濃度状況を伝える求心性感覚神経繊維などなどである。従来の科学はこれらの個々の要素を分解して調べてきた。全体を一つとしてとらえ脈拍のふるまいとしてとらえる考え方が、いまこの本で採用している非線形的な見方である)。Mitchell は続ける。ダイナミックとは、変化でありダイナミックシステムとは時間とともに何らかの方法で変化してゆくシステムであると(著者は、自分が知る限り、Mitchell の表現が明快に心臓と制御系を説明している最高の文章だと感じたので原著 ASME 版で英文全文を引用した)。著者は生物学が専門で、物理学の正統的教育を受けていないので、動的システムを定義づけるような直感的才能は無く、説明ができるような振りをしようとしているわけでもない。しかし、著者は、mDFA が何を見ているのかと考えたとき、複雑なパターンを作り出している心拍ダイナミクスが、少なくとも mDFA という計算によって、捉えられるのだということだけは理解できていると信ずる。

自然界に見られる沢山のシステムが時間的空間的に複雑な構造を呈している [45]。BTW (Bak, Tang, and Wiesenfeld) [46] はこのようなシステムの振る舞いは、自己組織化臨界現象 (self-organized criticality: SOC) [45] だと表現している。複雑な模様 (Complex patterns) が、明確な模様がもともと存在しないところから不思議なことに自分から自然に発生してくる。したがって、自己組織化というのは、要素の集団があって、そこから自発的に秩序のある模様や構造が形成されてくることである [44]。繰り返しになるが、この記述［44］は、心臓血管システムの発生過程でも正しい。心臓とその制御系の発達を説明しているといえる。なぜなら始まりは細胞集団で、そこから自ら管構造（脈管）になり、そして心室構造へと発達してくるのである。下等動物では、例えば昆虫のように、卵から発達して最終的に管状構造の心臓で落ち着く場合もある。しかし、動物界全体を見ると心臓を持つ動物はことごとくポンプとコントローラー、つまり心臓と脳を保有している構造体なのであり、この点でみな共通である。

生物のパターン形成（模様かたちをつくる、あるいは形態形成）は動的（時々刻々と変化する）である。その変化するさまがなぜそうなるか、純粋な生物学知識だけでは説明できない。そこには物理学の法則と数学の法則が関与している。たとえば植物学の黄金比やフィボナッチ数列はそれをいかにも示唆している。この数十年間におきた生命科学の長足の進歩で、ついに遺伝子研究が十分な立証能力を獲得した。その結果、生物体内の調節の仕組みは驚くほど特殊化して傑出したものであった。手短に言えばDNA分子に書かれた青写真に基づく調節だということが明らかになった。しかし、これだけで発生調節が全部できるはずはなく、発生建設計画は青写真段階で全部決まっているのではなかった。発生が進行する環境の制約のなかで進行しているのである（発生中に余計な化学分子を環境内へ導入すれば発生の仕方が予期せぬ方向へ変わる。生物学で学生は実験でウニの卵がリチウムイオン添加海水中だと「陥入」という重要な過程がスタートせず生体にまで到達できないことを教わる。サリドマイドやヒ素ミルクやカドミウム銅山鉱毒や枯葉剤、ビキニ放射能、発がん物質なども人体に作用しあたかもウニ卵と同じように異常反応を引き起こした。これは青写真があっても化学的環境が直接影響して造物主の期待通りに完成しないという良い例であり、化学だけでなく物理も数学も関係しているのである）。たとえば茎と葉の並び方・デザインを例にとる。デザインを決めるには、（細胞をあらかじめ種として決められているかたちを作る計画通りに配置しなければならないので）オーキシン（化学分子、植物ホルモン、つまりこの分子の生成には背後のDNA情報が要る）がパターン形成を誘導するのである。ところが、この場合、物理的なメカニズム（雪の結晶の形成成長のような数理的な法則）が関係する必要がありそうである。細胞や器官を配置する仕組みとその調節や対応という形態形成現象の役割の中身に、物理の仕組みが含まれている事は容易に想像できるのである［47, 48］（物理学や数学の世界では有名なコッホ曲線というものが知られている。あるルールが決まっているとある形が自動的にできるのである［47, 48］。ルール通りに物を配置することができるのである。しかもこのルールは生きている物体、生命体、のためのみならず、物質レベルで、つまり生命が誕生する以前から宇宙にはこのルールが存在し、宇宙規模の法則が細胞配置・形態形成にかかわりをもつのである）。

結論とすると、DNA による調節はことの顛末の一部でしかない。我々が生物の動的構造、例えばここで重要な心拍時系列について考えるとき、物理学的な考え方は必ず必要なのである。概念的には 、mDFA の結果はその延長線上にあり、時間と空間の生物学を扱っているのである。

6–3　生物学に物理学も数学も必要

血管が分岐したり、神経繊維や気管枝が伸びたり、また炭酸カルシウムの結晶がウニ幼生の骨片を［50］形成したりという例は、なぜそのような形態になるのか不思議であり、発生、成長、形態形成の学問上おおきな生物学的興味である（柔らかいからだのウニ幼生はプランクトンとして生活し、たよりなくヨタヨタと自ら海の中を泳ぐのだが、実はしっかりした骨格様の構造をもっていて、種特有のかたちを保ったまま生活している。この構造の骨格が針状の結晶でできていて、決まった形になるように調節されている。形態形成の学問の初期に、なぜかたちが自然にできるのかという興味に答えるためにウニが研究された。そのころは非線形科学はまだ生まれておらず、針状の骨片形成はミステリーであった。だが一方で、中谷宇吉郎のように当時から雪の結晶が自然にできる理由を考えている物理学者はいた。まだ生物学者が物理学者とあまり話をしない時代であった。西欧発祥の人間がこしらえた学問には上下関係が強く意識されたという悲しい歴史があるからであると著者は考えている。トップは神学、そして哲学、そして医学や数学や物理学が下にある。生物や農学は地をはう最低の学問であった。科学史研究者の仕事はかように大変おもしろい。思わず納得してしまう。今はもう iPS 細胞のように、生物医学が人類の生き方に影響すること大なり、という時代になってしまった。何が優れていると決める人も決められる人もいなくなって良い時代なのかもしれない)。1976 年ころの K. Okazaki [50] の仕事は小さいが興味深い例である。彼女はどのようにしてカルシウム分子がとても特殊な構造をした骨片になれるのか疑問をもって研究したのである。もしこの本の読者がウニのプルテウス幼生を双眼実体顕微鏡で見たら、その像はすばらしく、K. Okazaki がむかし著者に語ったように、どうやったらこんな美しい形の結晶ができるの? と感嘆し、その美しさにうっとりすること請け合いである。その仕組みは単にカルシウムの沈澱でしかないのだが。1970 年代からまだ誰もその詳細を十分説明できてはいない(我々の骨も同じカルシウムの沈澱だが、沈澱する際に物理学の法則と DNA の設計図に従い相互作用が起きているのだが、不思議としかまだ言えない)。

1970 年代、学校・大学の教育現場では、成長と発達は、DNA にもとづいた生活設計原理管理のもとで調節されると信じられ教えられていた。この主張は 1953 年にオックスフォード大学の Watson と Crick の「生命の秘密を発見した」という大発表に端を発している。1970 年代にはついに、もし DNA を構成している塩基配列が完璧に決定された暁には、生物科学の終焉が訪れ我々の進歩さえ終焉する、なぜなら青写真 DNA を完璧に読み解いたから。詳細な青写真は病気の治療を可能にし、寿命を延ばし、もっと無制限に可能になる(Gunther Siegmund Stent, 1969, "The coming of the Golden Age: a view of the end of progress." [53])。しかし、あれから 40 年、DNA の塩基配列の変化なしに起こる、非遺伝の、すなわち遺伝子に由来しない調節というものが、重要な役割を果たしていることが明らかになってきた。情報を運ぶ分子、DNA は発生、形態形成、身体内部の状態の恒常性の維持を一体全体独占的に支配するのだろうか? 1970 年代の人々は "Yes" と答えたであろう。だが今は、話はそんなに単純ではない。自己組織化も含まれている。一般的に、動的な反応、自己組織化、フラクタル、そしてスケーリング、これらは今や生物学の中心部をなす概念とさえ言えるのだ。

植物細胞の場合を考える。その場合も生物学のみならず数学や物理学を考慮する必要がある。以下はその例である。植物の葉の形態形成は、DNA

という遺伝子・化学分子に書き込まれた命令がもちろん支配している。しかし非生物的なルール（物理あるいは数学的ルール）までもが支配している［47］。その証拠に数学の式の組み合わせでできているパソコンプログラム、つまりただの方程式であるが、これがシダの葉に似た構造を作る、つまりDNAの命令も無いのに、シダ植物のように見える絵が最新鋭のコンピューターが発生する画像・写実的画像合成として作られる［51］。実際にKuhlemeier［47］は、植物の形態形成は遺伝的生物システムのみならず自然の数学法則で制御されていると述べている。木や低木を識別する場合、植物のいろいろな部分を査定し、詳しい特徴、色、形、そして大きさを認識している。その手がかりを集めてはじめて木や低木の種を正しく決められる。数学や物理学が、形態形成という生物システムの振る舞いの背後、つまり生き物の生理学の背後に隠れているのだ。

本［52］（2002）でIvanov, GoldbergerとStanleyは、我々はだれでも、スケーリング指数で状態を定量する方法で、心拍にあるフラクタル特性をみれば、心臓の状態を診断できることを証明した。その方法とは、PengのDFA［1］である（Ivanov, Goldberger, とStanleyはその論文［1］の著者）。DFAは1994年に論文［1］の著者によって世に出た。ScafettaとGrigoline（2002）［16］（名前からするとイタリア人であり、著者からみると、古いイタリア、ギリシャ、ローマ帝国が偉大なGalileo Galilei（ガリレイ）、Alessandro Volta（ボルタ）、Luigi Galvani（ガルバーニ）、Camillo Golgi（ゴルジ）、Marcello Malpighi（マルピーギ）などなどを生んだ科学的国家を彷彿とさせる）がGaussとLévyの時系列を用意しPengのDFAで試験したら、PengのDFAは、Gauss時系列 は正しくとらえるがLévy時系列はそうではない、しかし彼ら自身の提案した理論なら両方を認識すると報告した。そこで我々は「イタリア人」［16］がやったようにスケーリングの性質を計算するプログラムを準備し、理論実験ではなく、自然のデータで実験を開始した（プログラムを作ったのは著者ではなくK. Tanaka［42］であり、そのプログラムを使って沢山の試験をしたのが著者で、その結果がこの本にまとめられたのである）。そして、著者にしてみればプログラムを使ってみただけなのだったが、結果が想像を絶するほどに興味深いことになったということになる（当初、2000 年代初頭、例えば摘出心臓と生体心臓が区別できたり、自然死と突然死が同様に分かったりして、驚いた。また、区別できる理由も生理学的に説明がつくので、プログラムがやっていることが最初はミステリーではあるが非常に魅力的であった。しかし、はじめのうちは、そんなにうまい話はあるはずがなかろう、世界の優秀な頭脳がすでに発見しているはずだ、何かの間違いかもしれない、一つでも怪しい現象が結果として出たら、すぐ退散と決めていた。だがいまだに研究は続いている）。

7　付録：非生物医学的な応用編

mDFA は、どんな周期的波動的シグナルでも、そのピーク間隔を取得できれば、それが何でも、計算することは可能である（意味づけするには注意深い観察と思考が要る）。どんな場合でも、捕捉したピーク間隔から、心拍と同じようにして、毎分何拍（Beat per min）と表現し、ボックスサイズも拍動（Beat）で表現した。mDFA を使ったいくつかの応用例を以下に示す。

7-1　モーター

モーターが壊れる前の末期状態を観察するため、飛行場のレストルームなどでよく見る、手を乾かすハンドドライヤーのファンモーターを選んだ。これは長時間連続運転用に設計されていないだろうと考えたからである。だが連続運転したが壊れない。そこで壊れやすくする目的でグラスウールで覆い、台に取り付けた（図 7-1）。mV レベルのピエゾ信号を心電図の実験と同じ装置（ADInstruments）で記録した。記録信号の実例が図 7-3（B）と図 7-3（C）で、期間 Q と期間 U の波形データを示している。U では、モーターは加熱したが滑らかに回っていた。その直後爆発のような大音響が、矢印 A で示した時に発生した（図 7-2）。その後火災になりかねないので矢印

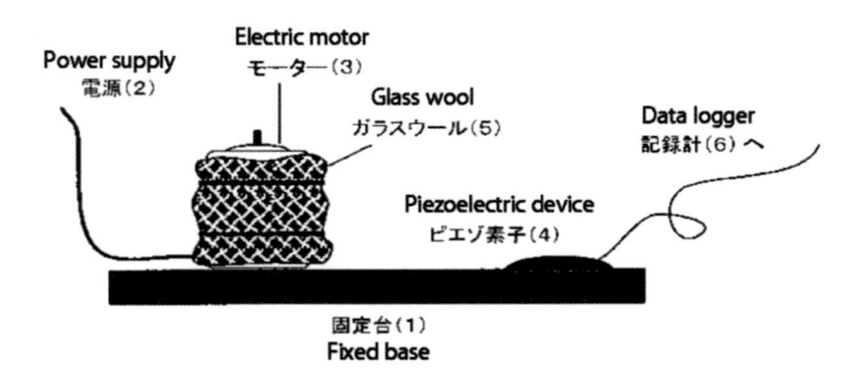

図 7-1　振動を記録する組み立て手順

Bの時にスイッチを切って回転を止めた（図7-2）。

実験後、調べた結果、大音響の時にモーター内部の樹脂部品が溶けて飛んだ。Uの後は、ノイズがひどく煙が出始めた。呼吸できないほどに室内の空気が悪化した。ボールベアリングの潤滑油が過熱で失われたことを確認した。準備万端ではじめた10分間程度の試験だった。この実験の前に別の種類のモーターでも試みたが壊れなかった。

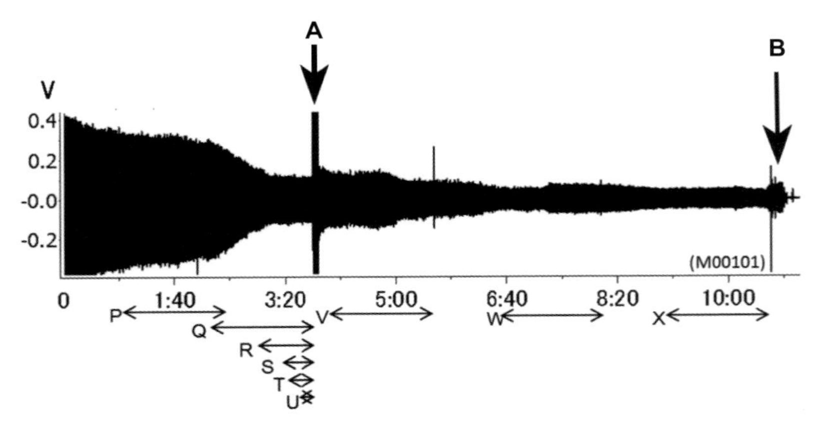

図7-2　モーターの振動シグナル

mDFAで、SIは、Uまでは大変低い値（0と0.1の間）を保った（図7-3）。U以降の、事実上の故障に一旦入るとSI値は徐々に増加した。

商業的に入手できるモーターは実によくできていた。スケーリング指数がゼロに近い低い値を示した。これは0.5（ホワイトノイズと言われるゆらぎ）よりもはるかに低い。人間が作ったよく制御された振動体は0.5よりとても低いSIであることが分かった。これは物理学者の言う反相関（anti-correlation）域である。3台のハンドドライヤーモーター、200 V 1台、100 V 2台、すべて同じ結果だった。SIが上昇したら、火災になる前に、いや深刻な人的被害に至る前に、修理する時期が来たと言える。そのSIの閾値は0.2程度である。

このガイドラインは滑らかに円滑に回っている全てのモーターに適用できる。例えば、電気の発電所の、レストランのエアコンの、ホテルの、家の、

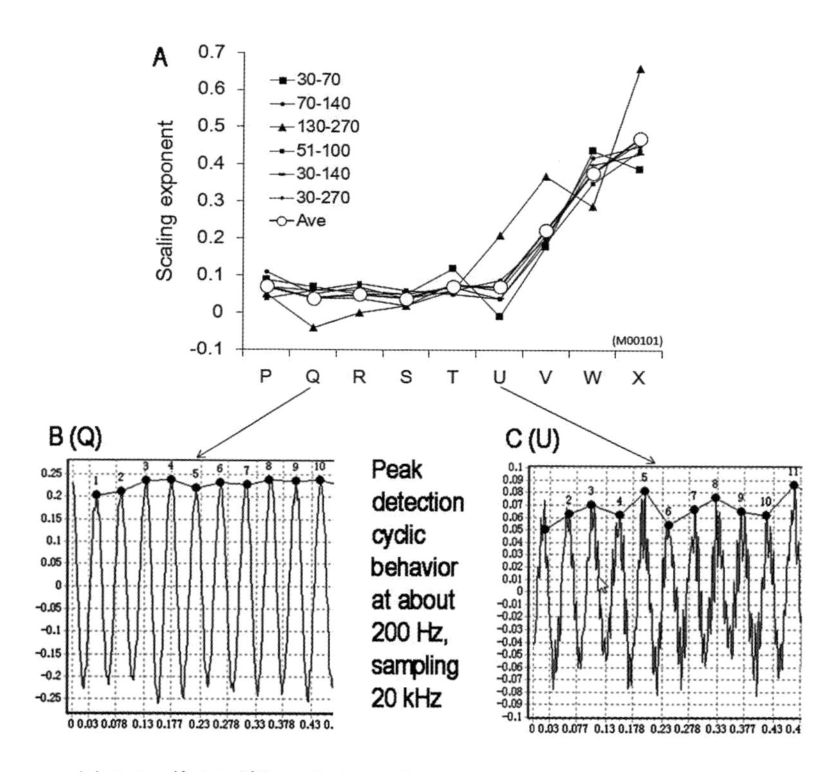

図 7-3 徐々に壊れてゆくモーターの mDFA

ところかまわずである。

自動車のエンジンについては、ピエゾセンサーをステアリングホイールに取り付けて、自動車の振動をテストした（指先の脈波を記録するための、医学生理学用の、ADI 社製の圧力センサーを「ハンドル」に取り付けて、心臓と同じような実験を実行した)。エンジンの振動で自動車全体が振動していた。アイドリング状態でもアクセルを踏んだ状態でも、両方の状態でスケーリング指数が 0.5 に近い値を示した（データは示してない)。我々の結論は、それぞれが固有の特性振動数をもつ、沢山の部品から構成される自動車は、沢山の特性振動数の影響の組み合わせで、0.5 のゆらぎになる。これは上述したモーターと異なる（自動車はモーターのように全体が一体として振る舞えないようだ。がっちり一個の固体になっていない。要素の集合体とみなせる。多くの要素が「いっしょくたに」うごめくとホワイトノイズ的な振動特性になるということである)。

結論。mDFA は、正常値にてらして、スケーリング指数によって正常かどうか見分けられる。「狂った状態・悪い状態・故障した状態」と「健康な状態」とを差別化できるのである。この結論は、香川大学の Kitajima 教授の研究室で、モーターのボールベアリングの研究でも証明された。正常（健康）なスケーリング指数は彼らの研究で 0.1 であった［69］(Kitajima 教授は著者とロシアで出会ったあと、DFA に惹かれ独自に工学部の視点から研究をすすめた。ハーバード大学のアイデアを独自に試し、著者の結果を証明してくれたことに感謝の意を表したい)。

7-2　せん断応力、アルミニウムのＬ字アングル棒

アルミのＬ字アングルのような金属の棒も、木の枝も、意表をついて折れることがある。mDFA を使いこの種類の破砕テストを実行した。

モーターと同じで実験室内の実験である。アルミパイプ、銅パイプ、アル

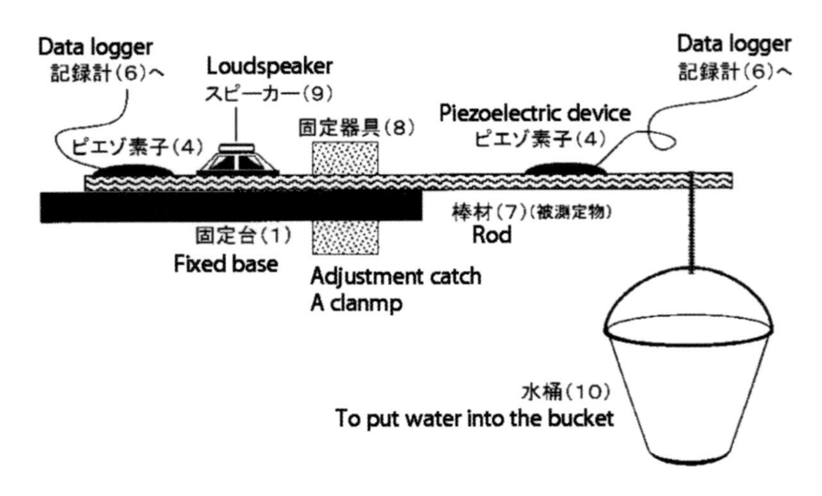

図 7-4　棒の破砕

図 7-5　アルミニウムアングル棒の実験

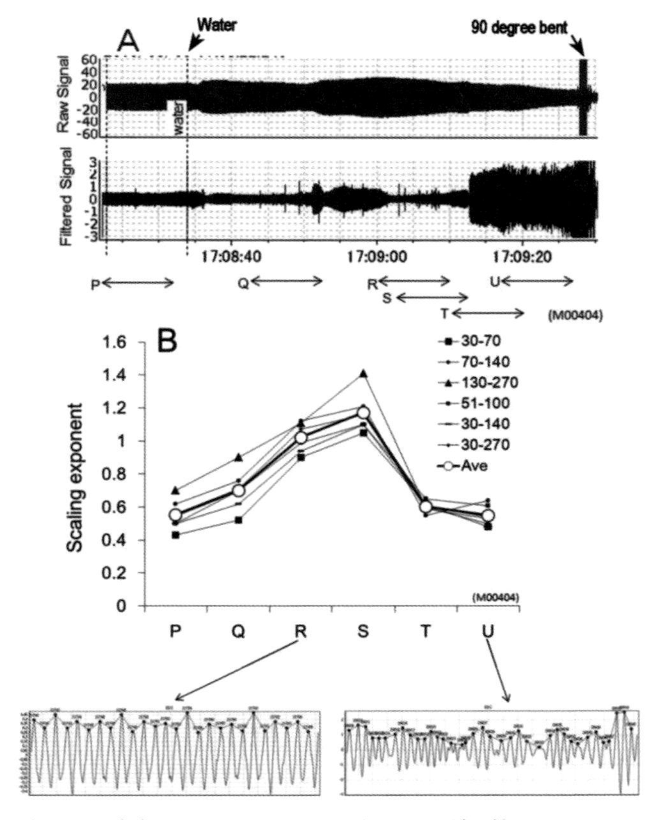

図 7-6　破砕の mDFA。アルミニウムアングル棒

ミアングル棒、木の棒、樹脂の棒などの材料を用意した。ここではアルミ実験を示す。棒の一端に音響スピーカーをつけ、約300Hz振動を与えた（図7-4)。振動は棒の中を伝わり反対の端につけたピエゾセンサーで記録された（図7-4)。棒への負荷は水桶に水を毎分約1Lの一定速度で入れた（図7-4。速度は材料に合わせて変えた)。

水が入ると棒が弧を描くように曲る（図7-5)。徐々にスケーリング指数が上昇する（図7-5)。突然、棒が90度に曲がる（図7-6)。mDFA実験結果は図7-6である。

振動信号はせん断応力でゆがめられた。せん断応力が音波のゆらぎパターンを変えスケーリング指数も変わった。これで突然起こる災害をとらえられる。

7-3　日本の巨大地震

構造地震は地殻の深さ約10 kmの断層の面で最初に起こる破壊がきっかけになるとされる。最新の地質学者でも、断層の始まりとその発達に気づく困難さを経験している。我々は依然として巨大地震の予想できない脅威に直面している。まだ新しい解決法は提案されていない。

著者の経歴に地震学は無いが、mDFAを地震動の波で試験した。地震データは防災科学技術研究所より得た（データを得研究に使用する際の規定に則り、この本の出版に同研究所のデータが使われ、出版もされたことを報告してある)。

mDFAを直接地震波形に適用しても意味のある結果は得られない（実際にやっている)。そこで長期波長の振動に焦点をあてた。低周波ろ過をかけ、それに搬送波（PCで発生させたサイン波）を重畳した。3つの地震計のデータで試験した。長岡地震計2007、成田地震計2011、浪江地震計2011。2007年の長岡（新潟中越沖地震）は大きかった。浪江と成田は2011年の津波を発生させた東北地方太平洋沖地震である。著者の希望は、読者がmDFAが地球科学でも生理学と同じように有効であることに気を留めてくれることである（専門家による研究は必要である。門外漢がことさら「予知」を宣伝しているのではない。もし利用可能化性に着目願えればそれにまさる喜びはない)。

分析の手順を述べる(図 7-7 長岡地震計)。

A．地震計データ(サンプリングは 100Hz, 10 ドット毎秒)

B．A を 0.2Hz で、低周波ろ過。その理由は長期振動を対象にしたため

C．A を 999 ドットで平滑化、移動平均操作。基線のうねりの除去

D．B − C の計算

E．D の絶対値を取り、数字 1 を加算

F．対数の計算、$\log_{10}$ (E)

G．F を 255 ドットで平滑化

H．F − G の計算

I．搬送波、0.1 Hz サイン波を作る

J．H + I の計算

これが典型的な著者の手法だが、他の変法でも上首尾だった。A から J の操作の後、波の「ピーク」を取る(心臓の EKG でやったのと同じ、「拍」で示した。これは図示してない。図 7-8 の A2、B2、C2 を参照して欲しい)。

大地震が日本時間 2011 年 3 月 11 日金曜日、14 時 46 分(05:46UTC)に発生した。図 7-8 は成田地震計データで、A1 は 3 月 3 日 15:00 より 48

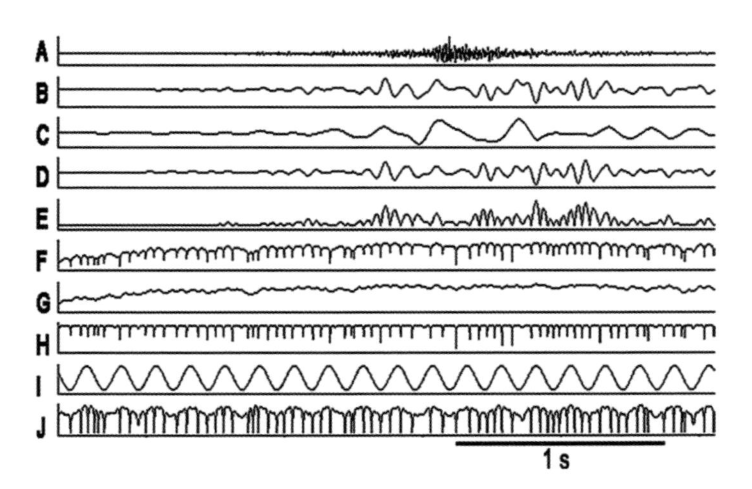

図 7-7 長岡地震の地震波の前処理

時間の記録（つまり３月３日午後３時から３月５日午後３時まで）を示している。B1 は３月９日 15:00 から 48 時間。この記録の最後で、大地震の揺れが発生し 15 分間だけ含まれている。C1 はその後の 48 時間で、３月 11 日 15:00 からである。A1、B1、C1 の Y 軸は地震計の出力（$-5.0 \times 10^5 \sim +5.0 \times 10^5$）を示し、X 軸は A1, B1, C1 それぞれ 48 時間のデータ。

図 7-8（A3）、図 7-8（B3）、図 7-8（C3）は 48 時間データの mDFA 結果、それぞれ３月３日、３月９日、３月 11 日。それぞれのグラフはボックスサイズ［30; 270］で回帰直線を計算している。３月３日グラフでは線の傾きが他の２つ（３月９日と３月 11 日）に比べて急峻ではないことに気づかれるはずである。スケーリング指数で見ると、大地震発生の約１週間前までは、「地震発生期間中」よりスケーリング指数が低いことを示している（この１週間前はホワイトノイズ的ゆらぎを示す 0.5 付近の値なのである。この

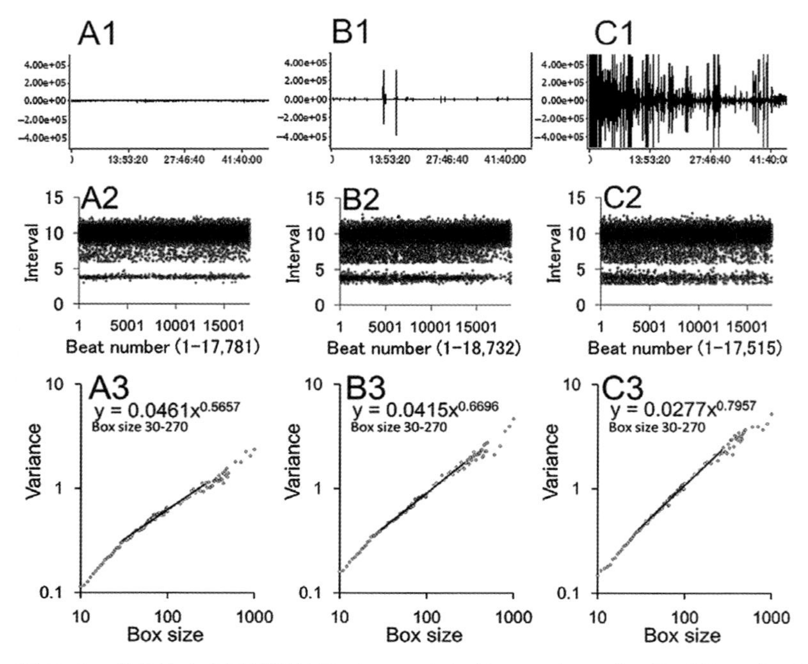

図 7-8　東北地方太平洋沖地震（2011 年３月 11 日）の成田地震計のデータの mDFA

A

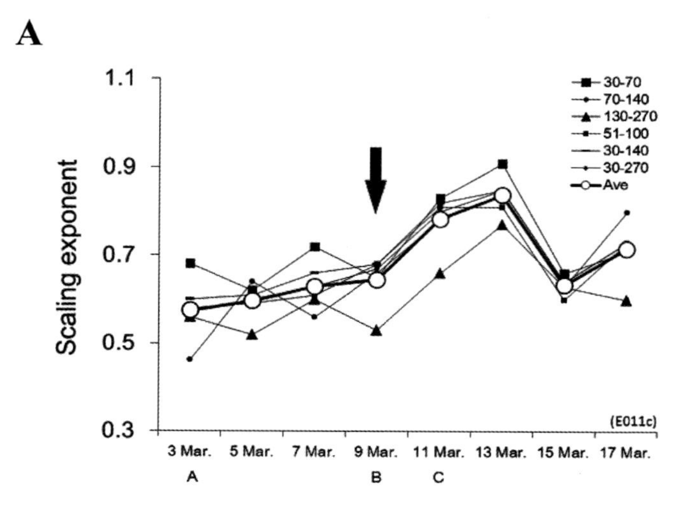

B

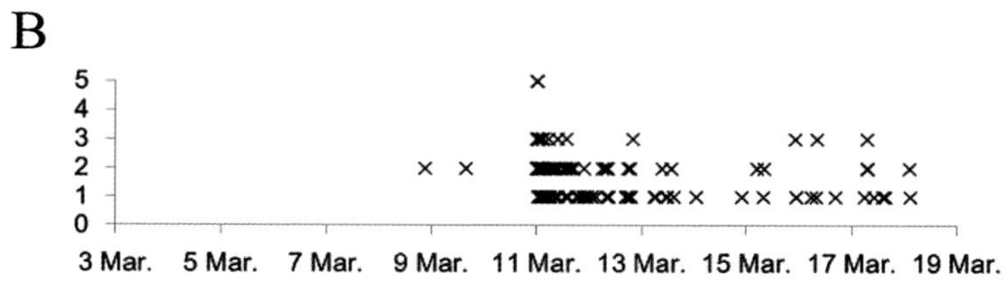

図 7-9　成田地震計 mDFA のまとめ（図 7-8 の A, B, C を参照、それぞれ 3 月 3 日、3 月 9 日、3 月 11 日）

値が 0.6696 になり 0.7957 に変化した。この方法を地震に使う価値があるのではないかと、著者は問うのである）。

図 7-9（A）では成田地震計データを mDFA で調べた。矢印は 3.11 地震発生の時間である。平均値（◯のマーク）が代表的なスケーリング指数の動きである。ホワイトノイズ様の地面の動き（厳密に言うと、ホワイトノイズは SI = 0.5 丁度である）が、徐々に増加したことが誰にも分る図である。値がべき乗則様のゆらぎに変化している。もしスケーリング指数（SI または α とこの本では書いている）が 0.6 を超えたら、一つの地震がその地震計の周囲に発生しそうである。ただし、この考え方は理論も実験も検討しなければならない。それでもなお、mDFA は、地面の動きを定量できるこれまでに

見たことがない方法であろう。地震が来る前はゆらぎの程度は低く（ホワイトノイズ的で α が 0.5 に近い状態）だった。地震発生が近づくと、心拍ではないのだが心拍様に表現しているので、ビート間隔のゆらぎ（つまり SI 値）が高いレベルに移行した。mDFA が地面の中で起きている変化を理解するのに役立つのではないかと、著者は期待する。

図 7-9（B）は大地震が起きた時を模式図にした。Y 軸は日本式の地震の強度である（いわゆる震度で、発表された震度を使用している）。X 軸の各区間は 48 時間毎の区切りで（午後 3 時開始）ある。図 7-9（A）と図 7-9（B）との間に相関がありそうではないだろうか。この図に、十分な説得力があるわけではないし、mDFA が将来の地震を予兆できると言うことは憚られる。だが、mDFA 技術を地震学で使い試すことに意義はあるのではないだろうか。著者は生物学研究者で、志向はあまり無いが、地震波形データを得て、適切な処理をして mDFA すれば、有益と考える（日本全国には 2,000 の地震計があり国の機関の管理下にあるという。常時この信号を mDFA 監視すれば、などと考える。カリフォルニアの地震帯でも広域監視が始まっているが、寡

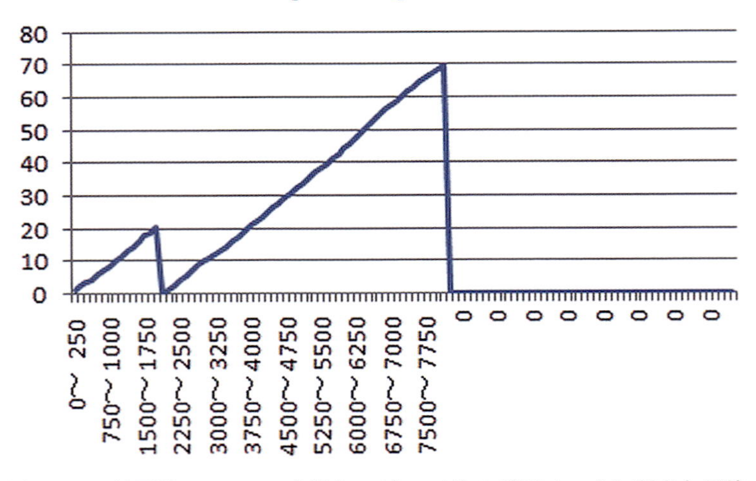

図 7-10　地震波の RZDFA（連続 DFA）。三角のグラフ：せん断応力が積み重なり、三角サイズが増加する。増加は将来の破裂に至る

聞にしてまだ非線形ゆらぎ解析法が開始されたという話を聞かない。理論構築とともに技術を試してみるのも、不謹慎のそしりをまぬかれないだろうが、あえて申しあげるならば、それも研究者としては一興である）。

ここに記した mDFA は地震解析に有用やもしれない。これまで、少なくとも、相関があると著者は観察した（たった3箇所のデータだけではあるが、全てが良い結果を出した）。mDFA という科学技術的方法は、可能性を秘めている。もし震央の周囲に地震計が配置されていて―ある地震計は震央から遠方に、あるものは近くに―それらが常時 mDFA 実行し、その結果を米国地質調査所、またはそれに相当する機関へ、送り続けるならば、その定量性のある mDFA の結果は我々の地震の理解を進めるに違いないと期待する。地面の動きをとらえる現代の計器は大変進歩している［70］。だが情報を抽出する方法の進歩は必ずしも、そうではないようである。図 7-9 から、mDFA が出すスケーリング指数は地面の動きの変化を反映しているようである。図 7-7 に示したのは、地震波形の前処理の一つの例に過ぎないが、この着想は mDFA が地震学者に新しい可能性のある手法を提示しているのではないだろうか。

最後に、もう一つの改変型 DFA は RZDFA と呼ぶもので、mDFA を循環的に繰り返し実行する（詳細は示していない）もので、おそらく将来の大きな地震の発生を予知できるやもしれぬと考えて提案する。その方法 RZDFA とは（1）図 7-7 の A から J のようにして処理した地震波形を得る。（2）RZDFA を実行する。（3）その後、スケーリング指数 SI（この時点でもはや本当の DFA ではなくなっている）を 250「拍」ごとに計算し、その値を次次と足してゆく（相和、積分、ギリシャ文字の Σ）。もし SI が 0.5 を超える値ならば相和が増えるように計算する。増える場合に三角形のグラフ（図 7-10）が描かれる。もし地下のせん断応力が増加すると、いつも 0.5 以上の SI を得る。そして三角形は図 7-10 に示したように大きく成長する。この図は、mDFA が早期警戒の戦略たりうるように見える。

繰り返しになるが、Kitajima 教授の研究室に感謝したい。Kitajima 教授の卒業研究の学生 Kyohei Yamamoto が、彼と彼の指導者 Kitajma 教授 らの独自製作により、Peng［1］にもとづいてつくった DFA プログラムでも、我々の提案を再現している［71］。

結論。地球科学者ばかりではなく、他の科学者も、生物学研究者がこの本で実行したように、Peng［1］のDFAの可能性について学ぶことを勧めたい。再度申し上げる。DFAのパイオニアのPengらは偉大な仕事をした。著者はこれを学ぶことができて幸運である。

8　付録：結語と将来展望

8-1　トレンド除去とスケーリング

mDFA 法は SI を計算する。この手続きは次の操作を含む：時系列データを準備し、「トレンド」を除去し、ゆらぎを統計的に集め、(n) に対する F(n) のグラフ［ここで、F(n) は分散で (n) はボックスサイズ］を描き、グラフの傾きから SI を求める。もし傾斜が見えるならばその現象にスケーリングの特徴が見つかったということである。言い換えれば、データがスケーリング則により支配されているということである。だたし自然界で得る実験データはゼロから無限大まで続く長さで手に入れるわけではない。著者が見出した「スケーリング」する範囲も限定的であった。つまり SI を求める際に焦点を絞る範囲は［30; 270］拍（BPM）である。

mDFA は、F(n) と (n) のグラフの中で、限定されたボックスサイズ［30; 270］の範囲で傾きを求める。傾きは最小二乗法で計算する回帰直線である。繰り返しになるが、mDFA では回帰直線を全範囲に引かない。その代わりに、30 拍から 270 拍の範囲を使う。したがって、mDFA では分析するたびにどの範囲で回帰線を引くか問う必要が無い。著者がこの［30; 270］という範囲が SI 計算のためのベストの範囲だと決めた。したがって、誰も全範囲スケールで考える必要は無く、限定されたスケール範囲に注目すればよい。物理学の世界では、全範囲を扱うことが理想である。だが我々の生物医学の道具では、mDFA はこの限定されたボックス範囲［30; 270］でスケーリング則を見つければよいのである。

さて、自分の扱いたい周期現象を解析したい人は、独自のツールを製作したらよい。そのツールは、データを入れてやれば自動的に働くのだ。どんな時間間隔時系列であろうとも、そのマシンは自動で SI を計算する。

8-2　ツール

モバイル電話技術の発達は傑出している。もし携帯電話に mDFA の計算能力を合体させたならば、携帯電話が即座に SI を計算するだろう（図 8-1）。

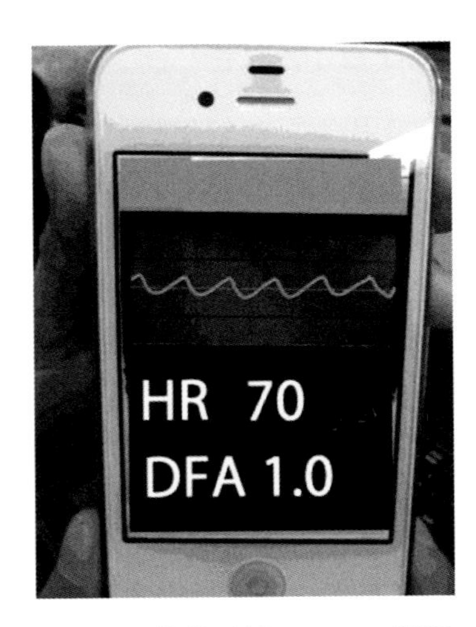

図 8-1　携帯電話での DFA 計測

将来、科学技術者がそれを作るかもしれない。そうすれば、いろいろな分野で、いろいろな周期現象で SI を測ることが出来るようになるだろう（図 8-2 と表 8-1）。代表的な実験結果を示すと、モーター（A）、末期のがんで 2013 年に他界した女性（B）、ICD のような医療機器を販売する会社で働くストレスが有るという男性（C）、円満な暮らしをしている主婦（D）、ICD を埋め込んでいる男性（E）、ステントとバイパス血管の手術をした男性（F）、血性心疾患に倒れたが生き延びた男性（G）、開胸手術で心臓を開き、心室中隔欠損を治療した女性（H）、を横軸に使った。図 8-2 のグラフの SI 値は、Peng の方法（○）と mDFA の方法（+）で示した。DFA と mDFA とが少し違うことがわかる。この違いは、Scafetta と Grigolini が 2002 年に、理論的に作った時系列を解析する理論実験をして、すでに予想していた。彼らは人工的に発生させたガウス分布とレビー分布を PC でテストした［16］。著者は自然界のデータを独自に収集した。著者は、mDFA が実際に使えるスケーリング定量技術になると確信している。

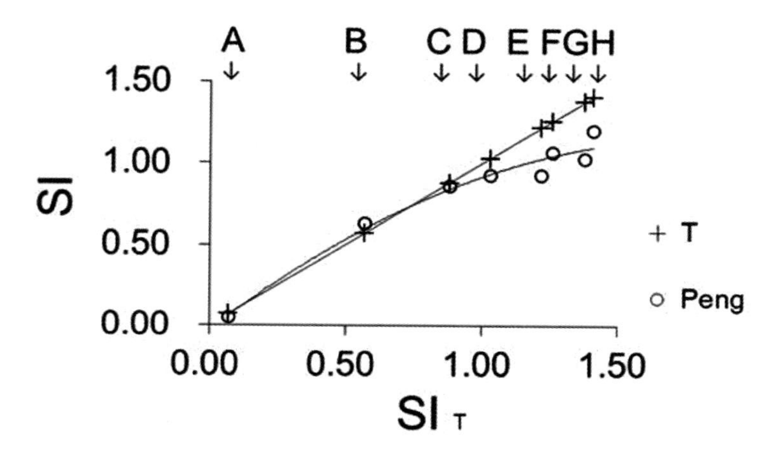

図 8-2　mDFA は全てのレンジに適用可能

表 8-1　広範囲で使えるスケーリング指数：0 から 1.5 までの実験証拠

	Peng	T	Data ID	Name
A	0.05	0.07	M00101a	Motor
B	0.63	0.57	H15301b	Norm
C	0.86	0.88	H17103a	SP Yam
D	0.93	1.03	H01401a	Takashsh
E	0.93	1.22	H15501	Sugim
F	1.07	1.26	H12502	Sten By Yas
G	1.03	1.38	H15401	Ischem Tom
H	1.20	1.41	V00401a	Takats

9　補遺

9-1　着陸時の恐れや不安、揺れる飛行機に乗って

モバイル EKG 記録が可能となると（図 8-1）、ADI 記録計のように 100 ボルトの電源環境がなくても心拍観察が可能になる。環境の変化と心拍ゆらぎの変化に相関があったので示す（図 9-1、図 9-2）[76]。悪天候で機体がひどく揺れる場合は恐ろしい。恐ろしさが心臓という窓に心拍ゆらぎパターンの変化として現れていることを mDFA は捉えた。大きく揺れる機内では、ストレスで SI が低下している。着陸成功が感じられたとたん SI は正常値に回復した（図 9-2）。全自動で EKG 記録から mDFA 計算、そして SI 指数表示まで時々刻々と表現できるツールができる日は、そう遠くないだろう。

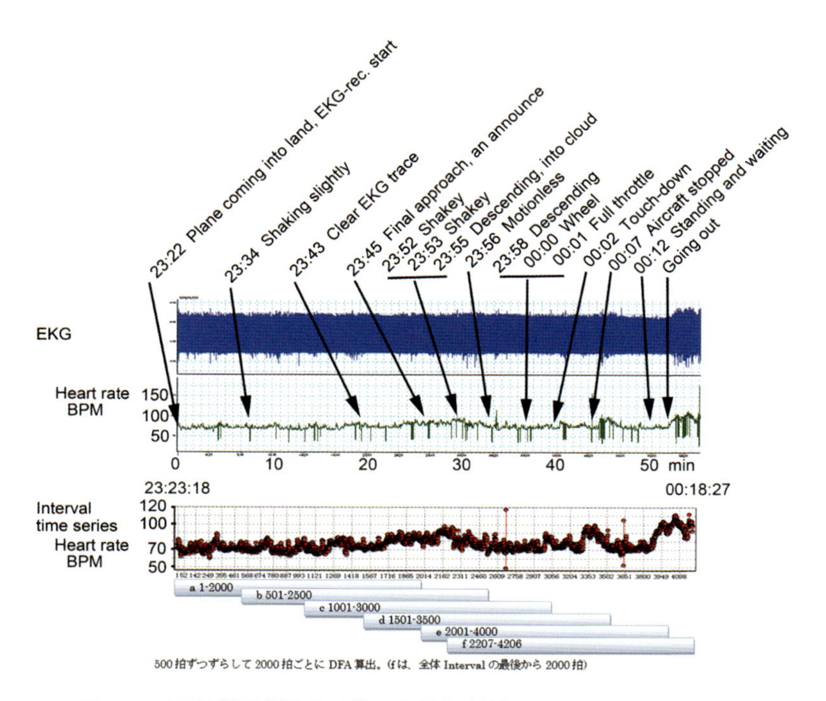

図 9-1　飛行機が着陸する際の心拍を記録

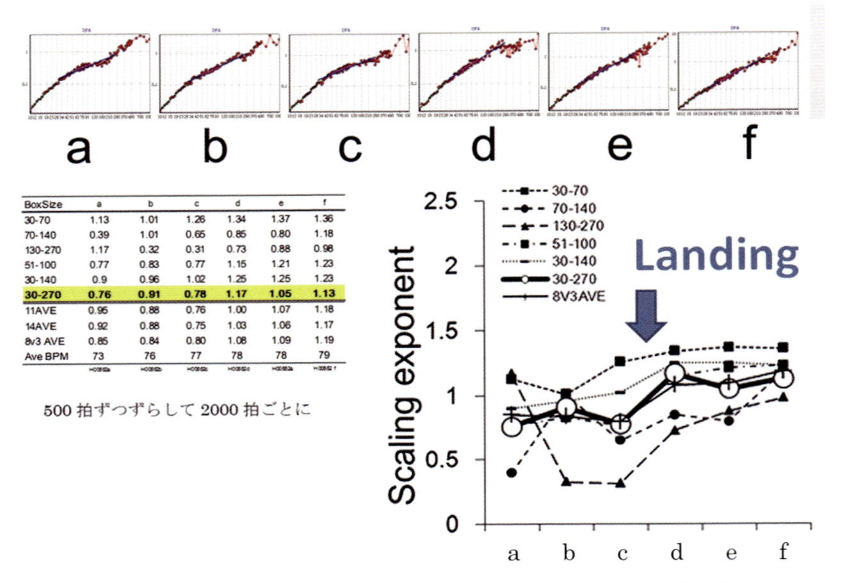

BoxSize	a	b	c	d	e	f
30-70	1.13	1.01	1.26	1.34	1.37	1.36
70-140	0.39	1.01	0.65	0.85	0.80	1.18
130-270	1.17	0.32	0.31	0.73	0.88	0.98
51-100	0.77	0.83	0.77	1.15	1.21	1.23
30-140	0.9	0.96	1.02	1.25	1.25	1.23
30-270	**0.76**	**0.91**	**0.78**	**1.17**	**1.05**	**1.13**
11AVE	0.95	0.88	0.76	1.00	1.07	1.18
14AVE	0.92	0.88	0.75	1.03	1.06	1.17
8v3 AVE	0.85	0.84	0.80	1.08	1.09	1.19
Ave BPM	73	76	77	78	78	79

図 9-2　飛行機の着陸時に記録した EKG データ（図 9-1）を後で解析

9-2　名刺交換会が苦手なシャイな講演者

招待講演会で壇上に上がり講演中は SI が正常値だったが、司会者と壇上で 1 対 1 の討論がはじまり、その後のパーティーで名刺交換を義務付けられ、SI が低下しはじめた。引っ込み思案な性格の演者にとっては、パーティーで初対面の人々との対話談笑が SI を低下させていた、と説明できた。社会性の無い演者には今まで証明されたことのない発見であった。講演会が終わってから親しい者だけでの打ち上げで SI 値がもとに戻った。mDFA は外には見えない心の不安を測ることができるかもしれない（図 9-3）。

9-3　ボールベアリングの異常検知

軸受けはなかなか破壊しない設計になっている。自動車や新幹線など壊れては絶対に困る部品である。壊れ方には主として 2 通りある。一つは潤滑油不足での焼き付き。もう一つは軸受け内の球やレールの傷に起因する破壊で

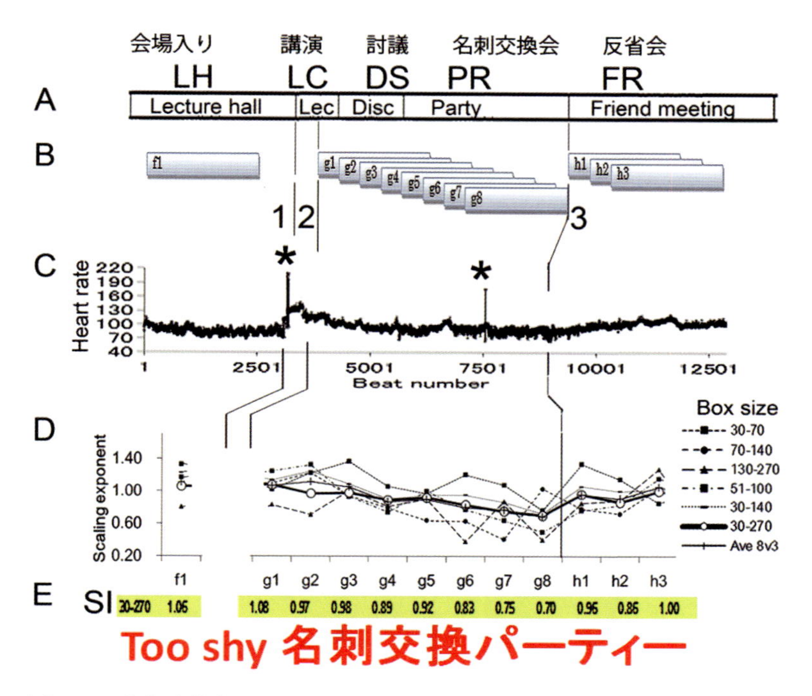

図 9-3　名刺交換会でのストレス

ある。実験は２通り考えられる。一つは潤滑油を減らす。他はレールに傷をあらかじめ用意する。

図 9-4 と図 9-5 の実験では［76］、毎分 18,000 回転する軸受けの寿命を短くするためにボールが走る溝に打痕を入れた（図 9-5）。打痕を入れてないボールベアリングもテストしたが正常にまわり続けただけであった。

さて、軸受け内にあるボールはこの打痕の上を毎回通過する。潤滑油のはたらきでボール組の公転は軸受け本体の回転数より少し遅くなる。18,000 回転の何割か遅い公転速度になる。いずれにしても、ボールと穴の縁との衝突で、穴の縁は徐々に亀裂を生じ、繰り返される衝突が亀裂を発達させると考えられる。このようにして運転を持続すると、事態が故障へ向けて進行し、振動が大きくなると考えられる。振動センサーがとらえた振動記録からは、軸受けの故障が、ある時点から顕著に増加することがわかる（図 9-4 の↑↑印）。mDFA による回転周期振動信号解析なら、もしかすると、通常の振動検知法よりもより早く異常を見出せるかもしれない（図 9-4 の↓印）［76］。

以上　原本の ASME 版が出た後に得られた重要な mDFA の結果を、邦訳版で追加する。これらは国際会議で講演発表し出版［76］したものである。

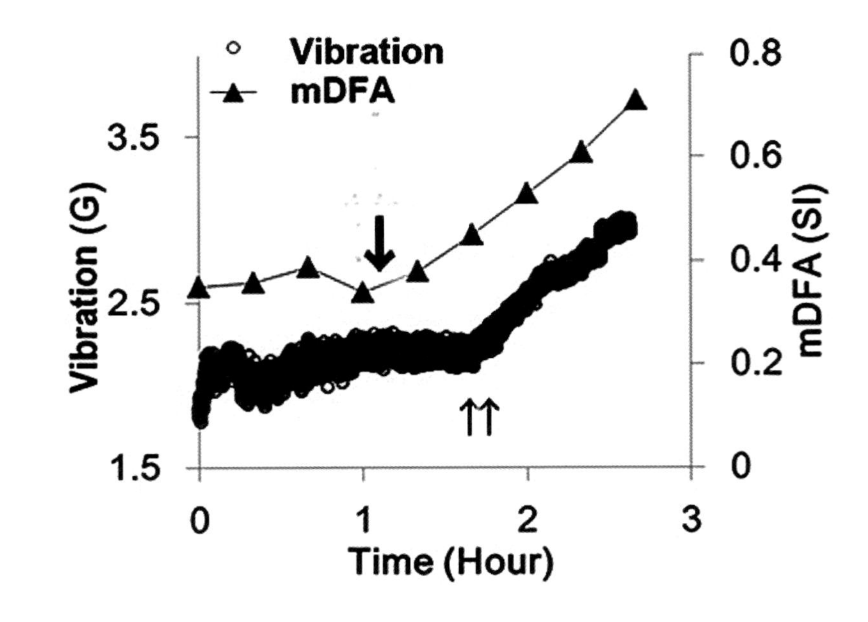

図 9-4　軸受け破損 mDFA 実験

図 9-5　軸受け、ボールベアリング模式図

参考文献

1a. Peng, C.-K., Havlin, S., Stanley, H. E., and Goldberger, A. L., 1995,"Quantification of Scaling Exponents and Crossover Phenomena in Nonstationary Heartbeat Time Series," Chaos, Vol. 5, pp. 82–87.

1b. Peng, C.-K., Havlin, S., Hausdorff, J. M., Mietus, J. E., Stanley, H. E., and Goldberger, A. L., 1997, "Fractal Mechanisms and Heart Rate Control: Long-range Correlations and their Breakdown with Disease," In: Frontiers of Blood Pressure and Heart Rate Analysis, M. Di Rienzo et al. (Eds.). IOS Press, Amsterdam, Netherlands.

1c. Peng, C.-K., Buldyrev, S. V., Havlin, S., Simons, M., Stanley, H. E., and Goldberger, A. L., 1994, "Mosaic Organization of DNA Nucleotides," Phys.Rev. E., Vol. 49, pp. 1685–1689.

2a. Goldberger, A. L. et al., 2000, "PhysioBank, PhysioToolkit, and PhysioNet, Components of a New Research Resource for Complex Physiologic Signals," Circulation, Vol. 101, pp. e215–e220.

2b. Goldberger, A. L., Amaral, A. L. N., Hausdorff, J. M., Ivanov, P., Ch., Peng, C.-K., and Stanley H. E., 2002, "Fractal Dynamics in Physiology: Alterations with Disease and Aging," PNAS, Vol. 99, Suppl 1, pp. 2466–2472.

2c. Goldberger, A. L., West, B. J., 1987, "Application of Nonlinear Dynamics to Clinical Cardiology," Ann N Y Acad Sci., Vol. 504, pp. 195–231.

2d. Goldberger, A. L., Bhargava, V., West, B. J., Mandell, A. J., 1985, "On a Mechanism of Cardiac Electrical Stability, The Fractal Hypothesis," Biophys J., Vol. 48, pp. 525–528.

3. Yazawa, T., Kiyono, K., Tanaka, K., and Katsuyama, T., 2004,

"Neurodynamical Control Systems of the Heart of Japanese Spiny Lobster, Panulirus japonicus." Izvestiya VUZ. Applied Nonlinear Dynamics, Vol. 12, No. 1-2, pp. 114-121.

4. Kobayashi, M., Musha, T., 1982, "*1/f* Fluctuation of Heartbeat Period," IEEE Transactions on Biomedical Engineering, Vol. 29, pp. 456–457.

5a. Musha, T., 1994, Idea from Fluctuation, NHK Book, Tokyo (in Japanese).

5b. Musha, T., 1997, "Science of Fluctuation" (Yuragi-no-kagaku, in Japanese) Vol. 3, Chap. 6, 1993 and Vol. 7, Chap. 4, Morikita, Tokyo.

6. Yazawa, T., Tanaka, K., and Katsuyama, T., 2005, "Neurodynamical Control of the Heart of Healthy and Dying Crustacean Animals," Proceedings of the 3rd International Conference on Computing, Communications and Control Technologies, CCCT 2005, Vol. 1, pp. 367-372. Eds. Hsing-Wei Chu, Michael J. Savoi and Belkis Sanchez. Organized by International Institute of Imformatics and Systemics. Member of the International Federation of Systems Research (IFSR).

7. Cecen, A. A., Erkal, C., 2008, "Nonlinear Dynamical Modeling in ECG Analysis: A Heuristic Guideline," Nonlinear Dynamics, Psychology, and Life Sciences, Vol. 12, pp. 359-369.

8a. Glass, L., 2011, "Synchronization and Rhythmic Processes in Physiology," Nature, Vol. 410, pp. 277-284.

8b. Glass, L., 1997, "Dynamical Disease-The Impact of Nonlinear Dynamics and Chaos on Cardiology and Medicine," In: The Impact of Chaos on Science and Society, Chapter 11, pp. 219-231. Grebogi, C. et al., (Eds.), United Nations University Press, Tokyo, 1997.

9. Stadnitski, T., 2012, "Some Critical Aspects of Fractality Research," Nonlin. Dynamics, Psychology, and Life Sciences, Vol. 16, pp. 137-158.

10a. Stanley, H. E. et al., 1999, "Statistical Physics and Physiology:

Monofractal and Multifractal Approaches," Physica A., Vol. 270, pp. 309–324.
10b. Mantegna and Stanley, 2000, An Introduction to Econophysics, Cambridge University Press, Cambridge, UK.
10c. Stanley, H. E., 1995, "Phase Transitions. Power Laws and Universality," Nature, Vol. 378, p. 554.
11a. Katsuyama, T. et al., 2003, "Scaling Analysis of Heart-interval Fluctuation in the In-situ and In-vivo Heart of Spiny Lobster, Panulirus Japonicus." Bull. Housei Univ. Tama., Vol. 18, pp. 97–108, (in Japanese).
11b. Katsuyama, T., 2004, "Scaling Analysis of Unstable Fluctuation of Heartbeat in Spiny Lobster," Numazu College of Technology Report, Vol. 38, pp. 189–194, (in Japanese).
12. B. -Pérez, Q. et al., 2008, "Changes in Detrended Fluctuation Indices with Aging in Healthy and Congestive Heart Failure Subjects," Computers in Cardiology, Vol. 35, pp. 45–48.
13. Liebovitch, L. S. et al., 2002, "Physiological Relevance of Scaling of Heart Phenomena," In: The Science of Disasters: Climate Disruptions, Heart Attacks, and Market Crashes, pp. 331–352. Bunde, A. et al. (Eds). Springer.
14a. Huikuri, H. V. et al., 1998, "Power-law Relationship of Heart Rate Variability an a Predictor of Mortality in the Elderly," Circulation, Vol. 97, pp. 2031–2020.
14b. Huikuri et al., 2000, "Fractal Correlation Properties of R-R Interval Dynamics and Mortality in Patients with Depressed Left Ventricular Function After an Acute Myocardial Infarction," Circulation, Vol. 101, pp. 47–53.
15. Bigger, J. T. et al., 1996, "Power Law Behavior of R-R Interval Variability in Healthy Middle-aged Persons, Patients with Recent Acute Myocardial Infarction, and Patients with Heart Transplants,"

Circulation, Vol. 93, pp. 2142–2151.
16. Scafetta, N. et al., 2002, "Scaling Detection in Time Series: Diffusion Entropy Analysis," Phys. Rev. E., Vol. 66, pp. 036130-1-10.
17. Mashimo, K., Yazawa, T., and Kuwasawa, K., 1976, "Effects of Shadow Reflex in Crustacean Hearts," The Zoological Society of Japan, Doubutsugaku zasshi, Vol. 85, No. 4, p. 380, (in Japanese).
18. Yazawa, T., Mashimo, K., and Kuwasawa, K., 1977, "Neural Modification of Heartbeat in the Shadow Reflex of Crustacean," The Zoological Society of Japan, Vol. 86, No. 4, p. 373. (in Japanese).
19. Carlson, A. J., 1904, "The Nervous Origin of the Heart-beat in Limulus, and the Nervous Nature of Co-ordination or Conduction in the Heart," Am J Physiol., Vol. 12, pp. 67-74.
20. Alexandrowicz, J. S., 1932, "The Innervation of the Heart of the Crustacea. I. Decapoda," Quaternary Journal of Microscopic Science, Vol. 75, pp. 181-249.
21. Maynard, D. M., 1961, "Circulation and Heart Function," The Physiology of Crustacea, Vol. 1, New York, Academic Press, pp. 161–226.
22. Shuranova, Y. M., Burmistrov, Y. M., Strawn, J. R., and Cooper, R. L., 2006, "Evidence for an Autonomic Nervous System in Decapod Crustaceans," International J Zoological Res., Vol. 2, pp. 242–283.
23. Yazawa, T., Kuwasawa, K., 1992, "Intrinsic and Extrinsic Neural and Neurohumoral Control of the Decapod Heart," Experientia, Vol. 48, pp. 834-840.
24. Qian, L. et al., 2011, "Tinman/Nkx2-5 Acts via miR-1 and Upstream of Cdc42 to Regulate Heart Function Across Species," J Cell Biol., Vol. 193, pp. 1181-1196.
24a. Field, L. H. et al., 1975, "The Cardioregulatory System of Crayfish: Neuroanatomy and Physiology," J. Exp. Biol., Vol. 62, pp. 519-530.
25. Yazawa, T. et al., 1994, "Dopaminergic Acceleration and GABAergic

Inhibition in Extrinsic Neural Control of the Hermit Crab Heart," J. Comp. Physiol. A., Vol. 174, pp. 65–75.

25a. Wilkens, J. L., Yazawa, T., and Cavey, M. J., 1997, "Evolutionary Derivation of the American Lobster Cardiovascular System an Hypothesis Based on Morphological and Physiological Evidence," Invertebrate Biol., Vol. 116, pp. 30–38.

26. Ocorr, K. A., Berlind, A., 1983, "The Identification and Localization of a Catecholamine in the Motor Neurons of the Lobster Cardiac Ganglion," J. Neurobiol., Vol. 14, pp. 51–59.

26a. Berlind, A., 2001, "Monoamine Pharmacology of the Lobster Cardiac Ganglion," Comparative Biochemistry and Physiology Part C: Toxicology & Pharmacology, Vol. 128, pp. 377–390.

26b. Shimizu, H., Fujisawa, T., 2003, "Peduncle of Hydra and the Heart of Higher Organisms Share a Common Ancestral Origin," Genesis J Genetics Development, Vol. 36, pp. 182–186.

27. Yazawa, T. et al., 1998, "A Pharmacological and HPLC Analysis of the Excitatory Transmitters of the Cardiac Ganglion in the Heart of the Isopod Crustacen, Bathynomus Doederleini," Can. J. Physiol. Pharmacol., Vol. 76, pp. 599–604.

28. Yazawa, T. et al., 2006, "Glyoxylic Acid–induced-fluorescence Imaging of Micro Vervous System of Sea Urchin Larvae: Neuroanatomy in Ontogeniy and Phylogeny of Deuterostomia." IMC16 Int Microscopy Congress Sep 3–8 Sapporo.

29a. Ando, H. et al., 2004. "Neuronal and Neurohormonal Control of the Heart in the Stomatopod Crustacean, Squilla oratoria." The Journal of Experimental Biology, Vol. 207, pp. 4663–4677.

29b. F. -Tsukamoto, Y. et al., 2003, "Neurohormonal and Glutamatergic Neuronal Control of the Cardioarterial Valves in the Isopod Crustacean Bathynomus Doederleini." The Journal of Experimental Biology, Vol. 206, pp. 431–443.

30. Takeuchi, A., Takeuchi, N., 1964, "The Effects on Crayfish Muscle of Iontophoretically Applied Glutamate," J. Physiol., Vol. 170, pp. 296–317.
31. Davide Dulcis, and Levine, Richard B., 2003, "Innervation of the Heart of the Adult Fruit Fly, Drosophila Melanogaster," Journal of Comparative Neurology., Vol. 465, pp. 560–578.
32. Cooke, I. M., 2002, "Reliable, Responsive Pacemaking and Pattern Generation with Minimal Cell Numbers: The Crustacean Cardiac Ganglion," Biol. Bull., Vol. 202, pp. 108–136.
33. Richter, Von K., 1973, "Struktur und Funktion der Herzen wirbelloser Tiere," Zool. Jb. Physiol., Bd. 77, S. 477–668.
34. Wilkens, J. L., 1999, "Evolution of the Cardiovascular System in Crustacean," Amer. Zool., Vol. 39, pp. 199–214.
35. Kuramoto, T., 1993, "Cardiac Activation and Inhibition Involved in Molting Behavior of a Spiny Lobster," Experientia, Vol. 49, pp. 682–685.
36. Glodberger, A. L., 2006, "Complex Systems, Giles F. Filley Lecture," Proc. Am. Thorac. Soc., Vol. 3, pp. 467–472.
37. Yazawa, T. et al., 2001, "Spontaneous and Repetitive Cardiac Slowdown in the Freely Moving Spiny Lobster, Panulirus Japonicus." Journal of Comparative Physiology A., Vol. 187, pp. 817–824.
38. Young, R. E., 1978, "Correlated Activities in the Cardioregulator Nerves and Ventilatory System in the Norwegian Lobster, Nephrops norvegicus (L.)." Comparative Biochemistry and Physiology Part A: Physiology, Vol. 61, pp. 387–394.
39. Yazawa, T., Shimoda, Y., 2012, "DFA Applied to the Neural-Regulation of the Heart," Lecture Notes in Engineering and Computer Science: Proceedings of The World Congress on Engineering and Computer Science 2012, WCECS 2012, 24–26

October, 2012, San Francisco, USA, pp. 715–720.

40. Katsuyama, T. et al., 2003, "Scaling Analysis of Heart-interval Fluctuation in the In-situ and In-vivo Heart of Spiny Lobster, Panulirus Japonicus," Bulletin Housei University. Tama, Vol. 18, pp. 97–108, (in Japanese).

41. Yazawa, T., Tanaka, K., and Katsuyama, T., 2007, "DFA on Cardiac Rhythm: Fluctuation of the Heartbeat Interval Contain Useful Information for the Risk of Mortality in Both, Animal Models and Humans," Journal of Systemics, Cybernetics and Informatics, Vol. 5, No. 1, pp. 44–49.

42a. Yazawa, T., Tanaka, K, 2008, "Scaling Exponent for the Healthy and Diseased Heartbeat, Quantification of the Heartbeat Interval Fluctuations," Advances in Computational Algorithms and Data Analysis, Springer, New York. ISBN: 978-1-4020-8918-3. Capt.1., pp. 1–14.

42b. Yazawa, T., Tanaka, K., Ngagaoka, T., and Katsuyama, T., 2007, "Detrended Fluctuation Analysis on Cardiac Pulses in Both, Animal Models and Humans: A Computation for an Early Prognosis of Cardiovascular Disease," CCCT2007 Proceedings Vol. II., pp. 235–239.

43. Kokia, E. S. et al., 2007, "Deaths Following Influenza Vaccination–background Mortality or Causal Connection?," Vaccine, Vol. 25, No. 51, pp. 8557–8561.

44. Mitchell, M., 2009, Complexity. A Guided Tour, Oxford University Press, New York.

45. Jensen, H. J., 1998, Self-organized Criticality: Emergent Complex Behavior in Physics and Biological Systems, Cambridge University Press, Cambridge, UK.

46. Bak, P. et al., 1987, "Self-organized Criticality: An Explanation of *1/f* Noise," Physical Review Letters, Vol. 59, No. 4, pp. 381–384.

47. Kuhlemeier, C., 2007, "Phyllotaxis," Trends in Plant Science, Vol. 12, pp. 143–150.
48. Sasai, Y., 2013, "Cytosystems Dynamics in Self-organization of Tissue Architechture," Nature, Vol. 493, pp. 318–326.
49. Barnsley, M., 1988, Fractals Everywhere, Academic Press, San Diego, CA, USA.
50a. Okazaki, K., 1975, "Spicule Formation by Isolated Micromeres of the Sea Urchin Embryo," Amer. Zool., Vol. 15, pp. 567–581.
50b. Okazaki, K., 1960, "Skeleton Formation of Sea Urchin Larvae II. Organic Matrix of the Spicule," Embryologia, Vol. 5, pp. 283–320.
51. Prusinkiewicz, P., Lindenmayer, A., 1990, The Algorithmic Beauty of Plants (Virtual Laboratory), Springer-Verlag.
52. Ivanov, P. C. et al., 2002, "Fractal and Multifractal Approaches in Physiology," Chapter 7, in; The Science of Disasters: Climate Disruptions, Heart Attacks, and Market, Eds, Bunde, A. et al., Springer Verlag, Berlin.
53. Stent, G. S., 1969, The Coming of the Golden Age: A View of the End of Progress. Published for the American Museum of Natural History by the Natural History Press, p. 146.
54. Wilkens, J. L. et al., 1974, "Central Control of Cardiac and Scaphognathite Pacemakers in the Crab, Cancer Magister," J. Comparative Physiology, Vol. 90, pp. 89–104.
55. Yazawa, T., 2012, "Quantification of Stress by Fluctuation Analysis of Heartbeat–interval Time Series," Society of Neuroscience 2012, New Orleans, Session Number: 387.14.
56. Parsons, R. G. et al., 2013, "Implication of Memory Modulation for Post–traumatic Stress and Fear Disorders," Nature Neuroscience, Vol. 16, pp. 146–153.
57. Louch, W. E. et al., 2012, "No Rest for the Weary: Diastolic Calcium Homeostasis in the Normal and Failing Myocardium," Physiology,

Vol. 27, October 2012, pp. 308–323.
58. Traube, L. Ein Fall von, 1872, "Pulsus Bigeminus nebst Bemerkungen uber die Leberschwellungen bei Klappenfehlern and uber acute Leberatrophie," Berlin Klin Wochenschr, Vol. 9, pp. 185–188.
59. Kitajima, H. et al., 2011, "Modified Luo-Rudy Model and its Bifurcation Analysis for Suppression Alternas," International Symposium on Nonlinear Theory and its Applications, NOLTA 2011, Kobe, Japan, 4–7 September, 2011.
60a. Nature Editorial, 2012, "Therapy Deficit," Nature, Vol. 489, pp. 473–474.
60b. Abbott, A., 2012, "Stress and the City: Urban Decay," Nature, Vol. 490, pp. 162–164.
61. Ivanov, P., C., 2006, "Scale-invariant Aspects of Cardiac Dynamics Across Sleep Stages and Circadian Phases," Conf Proc IEEE Eng Med Biol Soc. 2006, Vol. 1, pp. 445–448.
62. Goldberger, A. et al., 1987, "Application of Nonlinear Dynamics to Clinical Cardiology," Annals of the NY Acad. Sci., Vol. 504, pp. 195–213.
63. Slaven, J. E. et al., 2008, "Dimensional Analysis of Actigraphic Derived Sleep Data," Nonlinear Dyn. Psychol. Life Sci., Vol. 12, pp. 153–161.
64. Ivanov, P. C. et al., 1999, "Sleep-wake Differences in Scaling Behavior of the Human Heartbeat: Analysis of Terrestrial and Long-term Space Flight Data," Europhys. Lett., Vol. 48, pp. 594–601.
65. Penzel, T. et al., 2003, "Dynamics of Heart Rate and Sleep Stages in Normals and Patients with Sleep Apnea." Neuropsychopharmacology, Vol. 28, pp. S48–S53.
66. Nelson, L., 2004, "Neuroscience: While You Were Sleeping," Nature

News Feature, Nature, Vol. 430, pp. 962–964.

67a. Skinner, J. E. et al., 1993, "A Reduction in the Correlation Dimension of Heartbeat Intervals Precedes Imminent Ventricular Fibrillation in Human Subjects," American Heart Journal, Vol. 125, pp. 731–743.

68a. Batchinsky, A. I. et al., 2010, "New Measures of Heart-Rate Complexity: Effect of Chest Trauma and Hemorrhage," Journal of Trauma-Injury Infection & Critical Care, Vol. 68, pp. 1178–1185.

67. Pitman, R. K. et al., 2012, "Biological Studies of Post-traumatic Stress Disorder," Nature Rev. Neuroscience, Vol. 13, November 2012, pp. 769–787

68. Stickgold, R., Walker, M. P., 2013, "Sleep-dependent Memory Triage: Evolving Generalization Through Selective Processing," Nature Neuroscience, Vol. 16, February 2012, pp. 139–145.

69. Taniguchi, R., 2013, "Nonlinear Time Series Analysis for Fault Diagnosis of Ball Bearings," Undergraduate thesis, Electric Engineering, Kagawa University, supervised by Professor H. Kitajima, page 32.

70. Lay, T., 2012, "Why Giant Earthquakes Keep Catching us Out," Nature, Comment, Vol. 483, pp. 149–150.

71. Yamamoto, K., 2013, "Earthquake Prediction Using Detrended Fluctuation Analysis Method," Undergraduate thesis, Electric Engineering, Kagawa University, supervised by Professor H. Kitajima, page 29.

72. Yazawa, T., 2008, "Crustacean Stress Behavior," Insect Mimetics. Advanced Biomimetics Series 3. Eds. Hariyama, T. and Shimozawa, T. (in Japanese).

73. Yazawa, T., 2015, "Quantifying stress in crabs and humans using modified DFA," Book chapter, in, "Biomedical Engineering", ISBN978-953-51-4150-1. InTeck, Rijeka, Croatia (in press).

74. Yazawa, T., 2014, “A stress-quantification device: Detrended fluctuation analysis of heartbeats, from crustacean animal models to humans.” Society of neuroscience 2014, Washington D. C., Presentation Number: 77.09/JJ21.
75. Editorials, 2014, “Fish have feelings too.” Nature, 27 Feb, Vol. 506, p. 407.
76. Yazawa. T., 2015, “Everyday life quatification using mDFA: Heart health monitoring and structural health monitoring,” Proceedings of the ASME 2015 International Design Engineering Technical Conferences & Computers and Information in Engineering Conference IDETC/CIE 2015 August 2–5, 2015, Boston, Massachusetts, USA, 論文番号 DETC2015-48018, pp. 1–5.

著・訳者あとがき

本書はアメリカで刊行された『Modified Detrended Fluctuation Analysis (mDFA)』(ASME Press, New York)を著者自身が日本語に翻訳したものです。翻訳にあたっては日本の読者の理解を助けるために訳注を本文中に加えました。また、この日本語版を出版するにあたり、最後に最新の研究成果を加筆しました。

邦訳版の出版を支援して下さったのはディーブイエックス株式会社の若林誠さんです。若林さんは今の会社を創業する前に東京のある大学の医学部で「カニの心臓の研究」に関わった時期があったそうです。本著作に記された研究の科学的出発点が奇遇にも「カニの心臓」だったのです。カニの心臓しか知らない者がやがてヒトの心臓に近づくことが出来ました。

mDFA プログラムの発想は奇抜です。その源にはかつての大学院生 Katsunori Tanaka (KT) 氏の知恵があります。彼と一緒に勉強していたとき、著者は、そのプログラムがめざす新規性とその魅力的な結果と簡明さに惹かれ、残りの人生をかけても良いと思いました。著者は、単純に実験をくりかえし KT の Idea がリアルワールドデータをいかにしてとらえ消化するか、調べたかっただけです。リスクは承知の上でした。大学の研究者という立場でなければできなかったと、大学に職場を与えられたことに感謝しています。途中で不都合があったら止める覚悟で辛抱強くデータを集めることが大学研究者には可能でした。その結果として若林さんに認められるまでになり、本となって KT のプログラムの Idea —従来とらえられなかったまだ隠れている自然の Law を発見できるかもしれない願望— と著者 TY の Empirical results —実験による検証結果— を世に問うことが可能になりました。KT のアイデアと TY の実験だけでなく、それに若林さんの高い決断という鼎立の条件がそろい邦文出版にいたりました。

2015 年 12 月より本邦では、従業員 50 人以上の企業において従業員のストレスチェックが義務化されます。社員の健康管理を担当する管理者とともに、社員のストレスを数値化して評価・確認する試験的mDFA調査がディーブイエックス株式会社のご厚意で実施されております。2015年9月現在、この調査においてもmDFAの有効性が見えてきております。mDFAの想定される活用例として挙げられるのは、日常生活で、簡易心電図記録デバイスによりパニック・緊張・不安・安心などの定量的計測を望む分野があります。さらに心臓とそれをコントロールする自律神経など、生理学的なつまり身体調節の機能面での「健康度」の数値定量化、そして生体のみならず、構造物の「健康度」のチェックも可能となっています［76］。特許第5382774号、発明の名称「心拍ゆらぎの分析方法」、出願人 首都大学東京、㈱ソフトクラブ、ディーブイエックス㈱、発明人 矢澤徹、田中克典。特許第5812381号、発明の名称「振動体の異常検知方法および装置」、出願人首都大学東京、㈱三機コンシス、㈱ソフトクラブ、発明者 矢澤徹、霜田幸雄。

なお、本書を刊行するにあたっては首都大学東京の研究倫理規定にもとづき個人情報管理秘匿に配慮しております。

おわりに、この場所をお借りして、謝辞を述べます。上述のとおり翻訳版の出版を決行していただいたディーブイエックス株式会社の若林誠さんには、これまでのmDFA研究への理解と支援を頂戴してきました。ここに深甚なる感謝の意を表します。また翻訳版の出版にあたり、出版社めるくまーるの梶原正弘さん、仲介の労をとっていただいたディーブイエックス株式会社の山尾耕己さんに感謝の意を表します。

末筆になりますが、貴重な脈拍データを頂いた縁があって知り合った方々の中には、すでに他界された方もいます。生命の重さ、小動物の生命にも思いをはせて大宇宙の仕組みに畏敬の念を持ちつつ、筆を置きます。

2015年12月

矢澤　徹

著・訳者略歴

矢澤　徹（やざわ とおる）

無脊椎動物の生物学の研究者、理学博士（1983 年）。研究の主たる関心は、心臓血管システムの神経生物学。電気生理学的手法および生物化学的手法HPLC（高速液体クロマトグラフィー）を用いる。1976 年に、九州大学大学院修士修了。大学卒業研究時代、軟体動物神経系、大学院時代、おなじく軟体動物神経系、それ以来一貫して無脊椎動物を研究。研究の仕事に就いて、まず、オニヤドカリ・イシダタミヤドカリなどの甲殻類の心臓で、自律神経の自発活動の活動電位および心筋細胞の活動電位を研究する。摘出標本および生体標本を用いて研究成果を発表。無脊椎動物心臓で、自律神経の３本すべての神経から「自発活動電位の生体記録」に成功している研究者は 1979 年以前では世界で３人、２人はラリマー氏とヤング氏。この点で心臓生理学上、心拍制御機構の解明に関して特異な経験を持つと自負。1985–1987 米国シティー・オブ・ホープ・メディカルセンター神経科学部研究員、ザリガニ神経細胞の研究。1995 および 1997 カナダ・カルガリー大学医学部および生物科学部研究員、ロブスター心臓・心筋の収縮機構調節機構の研究。これらの無脊椎動物生理学の研究経験が DFA を一般心臓生理学と融合させせることになる。現在の職、首都大学東京大学院理工学研究科生命科学専攻 神経生物学研究室 助教。2006 年から ASME のメンバー。

ゆらぎ解析のための改変 DFA 法
Modified Detrended Fluctuation Analysis (mDFA)

平成 27 年 12 月 20 日　　初版第 1 刷発行

著・訳者　矢澤　徹
企　　画　ディーブイエックス株式会社
発 行 所　株式会社めるくまーる
〒 101-0051　東京都千代田区神田神保町 1-11
TEL 03-3518-2003　FAX 03-3518-2004
URL http://www.merkmal.biz/
印刷／製本　ベクトル印刷株式会社

ISBN978-4-8397-0164-2
Printed in Japan